Ibrahim Mehdi
Lisanework Nigatu
Alemayehu Mengistu

Gestão da infestante Parthenium (Parthenium hysterophorus L.)

Ibrahim Mehdi
Lisanework Nigatu
Alemayehu Mengistu

Gestão da infestante Parthenium (Parthenium hysterophorus L.)

Biologicamente com espécies competitivas

ScienciaScripts

Cover image: www.ingimage.com

This book is a translation from the original published under ISBN 978-620-2-02439-6.

Publisher:
Sciencia Scripts
is a trademark of
Dodo Books Indian Ocean Ltd. and OmniScriptum S.R.L publishing group

120 High Road, East Finchley, London, N2 9ED, United Kingdom
Str. Armeneasca 28/1, office 1, Chisinau MD-2012, Republic of Moldova, Europe
Printed at: see last page
ISBN: 978-620-7-76932-2

DEDICAÇÃO

Dedico este trabalho ao meu pai, **Mehdi Yasin,** e à minha mãe, **Miskiya Alemu,** pelo seu encorajamento constante e sem reservas, sem sacrifícios altruístas, ao longo da minha carreira académica.

ESBOÇO BIOGRÁFICO

O autor, **Ibrahim Mehdi, é filho** de seu pai **Mehdi Yassin** e de sua mãe **Miskiya Alemu**, nascido a 15 de janeiro de 1988, na cidade de **Wolkite**, na Região das Nacionalidades e dos Povos do Sul (SNNPR), na Etiópia. Frequentou o ensino básico na **Ras-Ze-Selassie** Junior and Elementary School e o ensino superior na **Goro** Higher and Comprehensive Secondary School. Depois de ter passado no Ethiopian General Higher Education Enterteficate Examination, EGHEECE, em 2006, ingressou na **Universidade** de Agricultura de **Haramaya** e licenciou-se em **Produção e Saúde Animal** em julho de 2009. Pouco depois da licenciatura, foi contratado como assistente de pós-graduação na **Universidade de Jigjiga** (JJU), Etiópia, em setembro de 2010, onde trabalhou durante um ano. Em seguida, prosseguiu os seus estudos de mestrado no programa de **Ecologia e Gestão de Áreas de Produção** na Faculdade de Agricultura e Ciências Ambientais da **Universidade de Haramaya, Etiópia**.

AGRADECIMENTOS

Gostaria de estender os meus agradecimentos ao meu orientador principal, Dr. Lissanework Nigatu, que me transmitiu os seus vastos e excelentes conhecimentos profissionais para o meu estudo ao longo da candidatura. Em seguida, gostaria de expressar a minha profunda gratidão e agradecimentos especiais ao meu Co-orientador Alemayehu Mengistu (MSc., *Prof. Adjunto*) pela sua orientação construtiva sem reservas, comentários, sugestões e críticas ao longo do tempo de investigação. Agradeço a sua disponibilidade para partilhar a sua experiência e conhecimentos. Além disso, gostaria de agradecer a Tessema Z. (PhD), Tamadu T. (PhD), por se interessarem em partilhar os seus conhecimentos e experiência e por discutirem muitos desafios com que me deparei durante o meu trabalho de investigação.

Estou igualmente grato à minha família e aos meus colegas de escola Hashim D., Hamdail A., Abdulaziz M. pelo seu amor, orações e apoio moral para a conclusão do estudo. Além disso, gostaria de agradecer aos funcionários da Tony Farm de Dire-Dawa pela sua preciosa e amável ajuda durante o meu trabalho de campo. Um agradecimento especial é ainda dirigido ao Ministério da Educação, que cobriu o apoio financeiro, e aos Laboratórios Centrais de Solos e de Nutrição Animal da Escola de Ciências Animais e da Vida Selvagem e de Gestão dos Recursos Naturais da Universidade de Haramaya, pelo seu apoio à realização da experiência antes, durante e depois do trabalho de campo.

LISTA DE ABREVIATURAS

AI	Aggresivity Index
AIwt	Aggressivity Index of parthenium weed mixed with test pasture species
AItw	Aggressivity Index of test pasture species mixed with parthenium weed
CABI	CAB International
CRD	Compeletly Randomized Design
CSA	Central Statistics Authority
DMBc	Dry Matter Biomass of control treatment
DMBt	Dry Matter Biomass of test pasture species
DMBw	Dry Matter Biomass of parthenium weed
DMBtw	Dry Matter Biomass of test pasture species mixed with parthenium
DMBwt	Dry Matter Biomass of parthenium mixed with test pasture species
DMRT	Duncons Multiple Mange Test
EARO	Ethiopian Agricultural Research Organization
GI	Germination Index
HU	Haramaya University
IAS	Invasive Alien Species
IE	Inhibition Efficiency
ILRI	International Livestock Research Institute
IPWN	International Parthenium Weed Network
IPWM	Integrated Parthenium Weed Management
LMS	Least Mean Square
LSD	Least Significance Difference
Ntw	Sowing proportion of test pasture species with parthenium weed
Nwt	Sowing proportion of parthenium weed with test pasture species
ppp	plants per plot
RCBD	Randomized Compelete Block Design
RCC	Relative Crowding Coeffient
RCCtw	Relative Crowding Coefficient of test pastures mixed with parthenium
RCCw	Relative Crowding Coeffient of parthenium weed
RCCwt	Relative Crowding Coefficient of parthenium mixed with test pastures
RCCt	Relative Crowding Coeffient of test pasture species
SERP	South East Rangeland Project
SNRS	Somali National Regional State
SoRPARI	Somali Region Pastoral and Agro-Pastoral Research Institute

ÍNDICE DE CONTEÚDOS

CAPÍTULO 1	7
CAPÍTULO 2	10
CAPÍTULO 3	26
CAPÍTULO 4	37
CAPÍTULO 5	54
CAPÍTULO 6	57
CAPÍTULO 7	64

RESUMO

A experiência foi conduzida para encontrar espécies de pastagem competitivas cultivadas em combinação com Parthenium em diferentes níveis de densidade em condições de campo, numa experiência fatorial utilizando o Randomized Complete Block Design. Os tratamentos consistiram em 10, 20 e 30 plantas de qualquer uma das espécies de teste cultivadas juntamente com 30, 20 ou 10 Parthenium, para além de parcelas puras de cada uma, que foram replicadas quatro vezes. As espécies mostraram um grau significativo (P < 0,05) de IE na biomassa de matéria seca, altura, número de perfilhos e/ou ramos e área foliar de Parthenium. Entre as espécies, C. ciliaris, C. gayana e P. coloratum foram fortemente supressivas (>50% IE) enquanto D. intortum e L. purpureus foram classificadas como moderadamente supressivas (<50% IE). As spp tiveram 59, 68, 73, 36 e 47% de IE em níveis mais pesados, 39, 52 47, 21 e 25% em níveis médios e 11, 19 18, 9 e 13% em níveis mais baixos de densidade, respetivamente. As spp. fortemente competitivas, C. ciliaris, C. Gayana e P. coloratum tiveram 27, 32 e 37% mais IE do que D. intortum (fraca competitividade) em densidades mais pesadas, respetivamente. No entanto, tiveram 18, 31 e 26% na densidade média e 2, 10 e 9% nos níveis mais baixos, respetivamente. O aumento da densidade de spp do IE inferior para o médio aumentou em 27, 33 e 29%, mas aumentou em 20, 16 e 26% quando o nível de densidade aumentou de médio para mais pesado, respetivamente. Da mesma forma, ao nível de densidade mais pesada, houve uma redução de 39, 44 e 52% na altura, 30, 41 e 40% no número de perfilhos e/ou ramos e 24, 30 e 36% na área foliar, respetivamente. A este nível de densidade, as spp tiveram um valor mais elevado de 2,57, 1,69 e 2,33 RCC e um valor numérico positivo de 0,61, 0,52 e 0,68 AI, respetivamente. Além disso, as spp produziram um bom DMB de 255 a 349 g/parcela em cultura pura. Houve uma forte associação entre o IE e seus atributos de crescimento com um valor de coeficiente de correlação r = 0,848, 0,795, 0,549 e 0,413 entre DMB, altura, número de perfilhos e/ou ramos e área foliar, respetivamente. Por conseguinte, pode sugerir-se que uma gestão bem sucedida do Parthenium pode ser alcançada através de uma abordagem biológica utilizando espécies de pastagem competitivas em pastagens infestadas e/ou noutros locais, que se acredita ser rentável, amiga do ambiente e a sua sustentabilidade pode desempenhar um papel substancial.

Palavras-chave: Controlo Biológico, Alienígenas Invasoras, Pastagem, Coeficiente Relativo de Ocupação, Composição de Espécies

CAPÍTULO 1

1. INTRODUÇÃO

As pastagens ocupam cerca de metade do globo, das quais mais de metade se situa em zonas tropicais e subtropicais e cerca de 65% da área total de África (Friedel *et al.*, 2000). Fornece 70% e mais de 85% das necessidades alimentares dos ruminantes domésticos nos países do mundo e nos países em desenvolvimento, respetivamente (Holechek *et al.*, 1998). Mais de 62% do território etíope é ocupado por pastagens áridas e semi-áridas, onde o gado é o seu principal meio de subsistência (EARO, 2003). Assim, a pecuária é fundamental para o bem-estar dessas famílias das terras baixas "em termos de rendimento, poupanças, segurança alimentar, emprego, tração, fertilizantes e combustível, contribuindo para cerca de 30% do PNB e 90% das divisas fortes provenientes da exportação de animais vivos e empregando cerca de 27% da população total (Amaha, 2003).

No entanto, a má gestão como pastagem extensiva, juntamente com a desflorestação crescente para agricultura, lenha e secas recorrentes, resulta numa degradação grave da terra, redução da biodiversidade e declínio do valor nutritivo e substituição gradual de espécies indígenas por espécies pouco palatáveis e/ou não palatáveis. Além disso, a invasão de espécies de plantas herbáceas e lenhosas indesejáveis tem ameaçado a produção pastoril no corno de África, particularmente na Etiópia (Amaha, 2003). Atualmente, a pressão populacional e o excesso de gado aumentaram os impactos através da ameaça à biodiversidade. Por conseguinte, as espécies exóticas invasoras (EEI) são reconhecidas como um grande desafio para os países em desenvolvimento que lutam pela segurança alimentar através da redução significativa do potencial de produção das pastagens (SERP, 1995).

As espécies exóticas invasoras são plantas, animais e/ou micróbios introduzidos em novas regiões através da atividade humana, que se estabelecem e propagam, influenciando negativamente a biodiversidade, a agricultura, os recursos hídricos e a saúde humana e animal. Constituem uma grande preocupação devido à sua elevada capacidade de propagação, competitividade e capacidade de colonizar uma nova área num curto espaço de tempo. A gravidade dos impactos na vida da sociedade, na saúde e no património nacional é consideravelmente maior nos países em desenvolvimento, uma vez que mais de 80% da população é constituída por pequenos agricultores que dependem dos recursos naturais para sobreviver. Note-se que o maior risco de introdução se deve à interação dos mercados globais e ao aumento explosivo do comércio, das viagens e do turismo.

As EEI têm afetado a Etiópia desde as últimas três ou quatro décadas, contribuindo para um baixo nível de produção agrícola e de pastagens e incorrendo num elevado nível de custos com herbicidas, o que teve uma forte participação na estagnação da economia nacional do país (Taye *et al.*, 2004). Entre as espécies, *o Parthenium hysterophorus* L. (a seguir designado por parthenium) é um problema grave no leste da Etiópia, que perturba as pastagens, as florestas, as terras de cultivo, as hortas e os pomares, tornando-se um problema para as pastagens e as terras de cultivo de altitudes baixas e intermédias até 1900 m.a.s.l. (Tamado e Milberg, 2000).

A erva daninha foi introduzida na Etiópia por volta de 1976/77, proveniente da Somália, através de veículos do exército e/ou importada acidentalmente da América subtropical como contaminante de cereais da ajuda alimentar da fome dos anos 80 (Tamado e Milberg, 2000). Empobreceu a biodiversidade ao substituir as espécies nativas existentes, reduziu a produtividade agrícola e o fornecimento de forragem que influencia a produção pecuária através do desequilíbrio do rácio erva-arbusto. A erva daninha também causa riscos para a saúde humana e animal, particularmente para aqueles que têm contacto direto com ela (Asresie *et al.*, 2008; Shashie, 2007). Do mesmo modo, mancha a carne e o leite se for misturada com forragens e serve de importante hospedeiro de plantas secundárias para insectos significativos e pragas patogénicas (Sharman *et al.*, 2009).

Os vários atributos do parthenium, tais como a rápida germinação de sementes, o crescimento e o tempo de vida curto e/ou prolongado, sementes altamente viáveis, banco de sementes persistente no solo. Além disso, a principal razão para a sua agressividade é a sua alelopatia sobre outras espécies devido a centenas de metabolitos secundários conhecidos como fitotóxicos. O Parthenium liberta uma diversidade de produtos aleloquímicos para o ambiente, como fenólicos, alcalóides, ácidos gordos de cadeia longa, terpenóides e flavonóides. Os exsudados químicos desempenham um papel importante no modo de ação alelopático através de lixiviação, volatilização, exsudação radicular e decomposição de partes caídas através de meios bióticos ou abióticos (Anaya *et al.*, 1994).

No entanto, foram relatadas várias espécies com potencial alelopático e foram feitos esforços para as utilizar no controlo de infestantes (Knox, 2010). A primeira observação de que as plantas concorrentes antagonistas podem substituir a infestante e têm potencial como agente de controlo biológico foi feita quando *Cassia uniflora* se deslocou para as áreas onde Parthenium ocupava anteriormente na Índia (Singh, 1983). Uma avaliação extensiva efectuada sobre a distribuição da erva daninha também detectou que a erva daninha não crescia na proximidade de determinadas espécies de plantas, o que sugere que existe um antagonismo natural em relação à erva daninha.

Por conseguinte, é importante criar uma competição para gerir as ervas daninhas de forma ecologicamente segura, procurando plantas com potencial antagónico através da alelopatia, o que constitui uma alternativa para alcançar uma agricultura sustentável, a poluição ambiental e o equilíbrio ecológico. A importância do estudo reside no facto de a parte oriental da Etiópia ser uma das zonas onde foi mencionada a ocorrência abundante de ervas daninhas invasoras, em particular o parthenium. No entanto, não existe ampla informação sobre a sua gestão, nomeadamente através da competição. Além disso, o controlo biológico é viável e a procura de agentes de controlo naturais está em curso, o que é rentável e amigo do ambiente para a gestão que foi desenvolvida e melhorada através da utilização de plantas competitivas.

Esta experiência de campo foi conduzida utilizando cinco espécies de plantas de pastagem em condições naturais para descobrir as plantas que poderiam ser capazes de deslocar competitivamente o Parthenium. Três espécies de gramíneas, *C. ciliaris*, *C. gayana* e *P. coloratum*, de um estudo anterior em estufa (Shashie, 2007), e duas espécies de leguminosas, *D. intortum* e *L. purpureus,* foram utilizadas como plantas competentes para a experiência. O estudo estabeleceu que as espécies têm um efeito supressor sobre a biomassa acima do solo das ervas daninhas, a altura atingida, o número de perfilhos e/ou ramos e a área foliar. Este conhecimento da opção de gestão biológica ajudará a conceber um mecanismo de controlo eficaz para minimizar o seu impacto; por conseguinte, a descoberta será significativa para que a erva daninha possa ser gerida de forma sustentável através de uma abordagem de pastagem supressiva em pastagens infestadas e noutros locais

Objetivo do estudo

A experiência foi realizada para examinar as espécies de plantas de pastagem supressoras do crescimento da erva parthenium em condições de campo e para verificar se havia correlação entre a capacidade supressora das espécies seleccionadas e os seus atributos de crescimento ou morfológicos.

CAPÍTULO 2

2. REVISÃO DA LITERATURA

2.1. Biologia e Ecologia de Parthenium

Pensa-se que o Parthenium é originário das Américas tropicais e subtropicais (Navie *et al.*, 1996). O nome *Parthenium hysterophorus* tem origem nas palavras latina e grega. A palavra "pathenium" provém da palavra latina "parthenice" que se refere à planta *Tenecetum parthenum* e a palavra "*hysterophorus*" provém do grego "hystera" (útero) e 'phoros' (dar à luz), indicando a produção prolífica de sementes da infestante (Parson e Cuthbertson, 1992).

2.1.1. Germinação

A germinação de sementes de parthenium pode ocorrer tanto em situações de luz contínua como de escuridão. O Parthenium pode germinar durante um curto período de tempo em condições climáticas favoráveis e pode dar flores e sementes durante todo o ano. Tomado *et al.*, (2002), os regimes de temperatura que variam de 12/2 C-35⁄20$^{\alpha\alpha}$ C (dia/noite) foram considerados adequados para a germinação, enquanto as sementes podem germinar no verão extremamente quente (38,7$^{\alpha}$ C) e no inverno frio (2,6$^{\alpha}$ C) (Hina e Tahira, 2009). Os estudos sobre a germinação de ervas daninhas mostraram que a germinação ocorre numa vasta gama de temperaturas e níveis de humidade do solo, o que torna a sua gestão mais difícil.

2.1.2. Reprodução

O Parthenium é um produtor de sementes prolífico em muitos locais e produz sementes em qualquer altura quando as condições climáticas são adequadas. A planta daninha reproduz-se sexualmente através da produção de sementes. A iniciação da flor pode começar o mais cedo possível, mas demora até 6-8 semanas (Navie *et al.,* 1996). O crescimento rápido e a capacidade de supressão da erva daninha permitem que ela produza um grande número de sementes que aumentam consistentemente o tamanho do banco de sementes do solo. A produção estimada de sementes por planta foi de cerca de 15.000 a 100.000 (CRC, 2003), enquanto entre 18.000 a 26.000 sementes (Nguyen *et al.,* 2010).

2.1.3. Preferência de habitat

O Parthenium pode adaptar-se a uma variedade de condições de habitat, normalmente em habitat perturbado com menos concorrência de outras espécies de plantas. A erva daninha invade florestas comunitárias, pastagens sobrepastoreadas com baixa cobertura do solo, terras cultivadas, áreas nuas e fortemente povoadas (Singh *et al.*, 2004). É capaz de crescer numa vasta gama de tipos de solo, normalmente em solos alcalinos argilosos, franco-argilosos a solos pesados de argila preta (Anónimo, 2006). O solo com argila rica produz um número menor de sementes de tamanho maior, enquanto num solo relativamente mais grosseiro produz um grande número de sementes pequenas, pelo que a sua densidade e biomassa variam consoante o tipo de solo.

2.1.4. Morfologia

O Parthenium produz inicialmente folhas peludas, de cor verde pálida, em roseta, com lóbulos estreitos e pontiagudos e dispostas alternadamente no caule principal (Adkins *et al.*, 1997). A erva daninha pode crescer entre 1,5-2,0 m de altura em ambientes favoráveis, mas geralmente menos de 1,5 m (Parson e Cuthberston, 1992). As folhas inferiores do caule têm cerca de 20 cm de comprimento e 4-8 cm de largura, enquanto as folhas superiores são mais curtas (Navie *et al.*, 1996). Ele observou que a erva daninha produz uma raiz profunda com muitos pêlos de raiz pequenos que ajudam na absorção de humidade e nutrientes do perfil mais profundo do solo e ajudam a planta a resistir à seca. A raiz também é capaz de armazenar uma quantidade de nutrientes e água que suporta o crescimento da planta quando esta é cortada (McFadyen, 1984).

2.1.5. Alelopatia

A análise química indicou que todas as partes da parthenium, incluindo o tricoma e o pólen, contêm uma toxina chamada partenina e fenólicos. Fenólicos solúveis em água e lactonas sesquiterpénicas foram registados na sua raiz, caule, folha, inflorescência, pólen e sementes (Mersie e Singh, 1988). Anónimo, (2000), referiu que os aleloquímicos inibiam o crescimento de gramíneas, leguminosas, cereais, legumes e até árvores vizinhas diretamente por lixiviação e exsudação da raiz. Os teores de nutrientes de ferro e zinco no tomate reduziram-se devido aos extractos fenólicos (Mersie e Singh, 1988). Os investigadores referiram que os danos na membrana celular, a perda de clorofila e a atividade da desidrogenase nas raízes da flora e fauna aquáticas, juntamente com a partenina e os fenólicos, eram letais para o homem e os animais.

2.2. Situação e distribuição do Parthenium

2.2.1. Situação mundial do Parthenium

O Parthenium é uma erva daninha de importância global que ocorre como invasor estrangeiro em mais de 20 países em África, na Ásia e na Oceânia a partir da América na década de 1950 (Dhileepan, 2009). Acreditava-se que o papel vital para a sua introdução em novas áreas era o de contaminante de sementes contidas em carregamentos de grãos de ajuda alimentar, pastagens e lotes de sementes. Atualmente, está amplamente distribuído na Austrália, Índia, China, Quénia, Etiópia, Israel, Taiwan, Nepal e outros (McConnachie, 2011). O Parthenium foi introduzido na Índia antes da década de 1950, mas foi fortemente introduzido depois de 1956 a partir do México e espalhou-se em todos os tipos de habitats perturbados (Wise *et al.*, 2007). A sua distribuição no Nepal abrange a maioria das zonas urbanas em regiões tropicais a subtropicais a uma altitude que varia entre 75-1350 m a.s.l. (Tiwari *et al.*, 2005).

A distribuição do parthenium em África tornou-se problemática na África do Sul desde a década de 1880 (Henderson, 2001), Suazilândia (MacDonald *et al.*, 2003), Moçambique (DaSilva *et al.*, 2004), Zimbabué e Quénia (Njoroge, 1986), Etiópia (Tamado e Milerg, 2000), Eritreia (Taddese, 2004) e Somália, ilhas Maurícias, Reunião, Madagáscar e Seychelles (CABI, 2007) (Fig. 1 e 2). Os locais exactos e as razões da sua introdução noutros países africanos são desconhecidos, mas ainda existem muitas regiões da Ásia, Europa, África e África Subsariana em risco (McConnachie *et al.*, 2011).

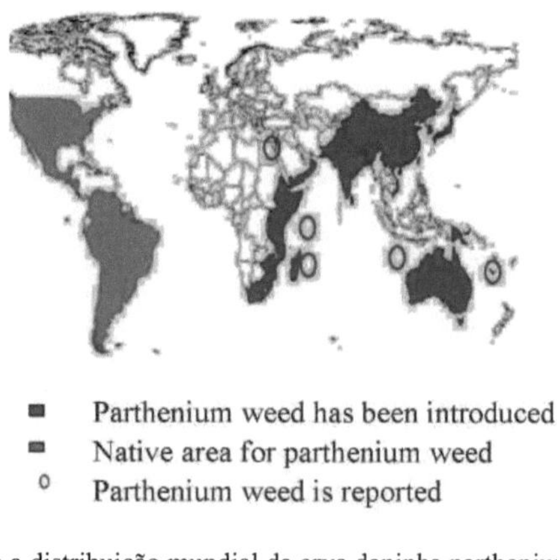

Fig. 1. Um mapa que mostra a distribuição mundial da erva daninha parthenium **(Fonte: IPWN, 2010)**

Fig. 2. Um mapa que mostra a distribuição da erva daninha parthenium em África **(Fonte: CABI, 2007)**

2.2.2. A situação do Parthenium na Etiópia

O Parthenium foi introduzido na Etiópia a partir da América do Norte e/ou através de veículos do exército durante a década de 1970, a guerra Etio-Somália, a partir da Somália, e depois tornou-se uma erva daninha grave tanto nas terras aráveis como nas terras de pastagem (Kassahun *et al.*, 1999; Tamado *et al.*, 2002). No entanto, foi relatado que era proveniente dos EUA através do fornecimento de ajuda alimentar humanitária de emergência e que foi observada principalmente em Hararghe por volta da década de 1970, estendendo-se depois ao centro, norte, noroeste, sul e sudeste da Etiópia (Rezene *et al.*, 2005). Foi classificada como a segunda infestante mais frequente (54%) depois da *Digitaria abyssinica* (63%) no leste da Etiópia (Tamado e Milberg, 2000).

A infestação pesada da erva daninha ocorre nas bermas das estradas, terrenos baldios, cidades, aldeias e jardins no centro de Shewa, Dukem, Bishoftu, Modjo e Koka (Taye, 2002). A sua infestação também foi observada em campos de sorgo, milho e tef à volta de Kobo, Robit, Gobie, Woldiya e Kombolcha. Do mesmo modo, em Ziway, Awassa e Wolkite, foi observada em cidades ao longo de estradas e locais de habitação, indicando a sua introdução recente. Observou-se uma elevada infestação de infestantes em Shewa oriental, na região de Afar (Awash, Anano e Miesso), em Hararghe ocidental e oriental e mesmo em Hataye, Shewa Robit, Ambo e Nazreth durante a época de cultivo.

Em áreas altamente infestadas de Woldiya a Alamata, a vegetação original de gramíneas e arbustos foi muito aberta e permitiu que o seu denso povoamento cobrisse milhares de hectares de pastagens e terras cultivadas. Informou que em muitas Woredas do oeste de Shewa, Shoboka,

Tibe, Guder e Wolliso apenas se observou uma infestação localizada nas bermas das estradas. Atualmente, está a invadir fortemente a maior parte das áreas de terrenos agrícolas, pastagens e terrenos baldios do leste, sudeste e norte da Etiópia e a sua prevalência, distribuição e rápida disseminação em regiões anteriormente não invadidas é o principal problema (Fig. 3).

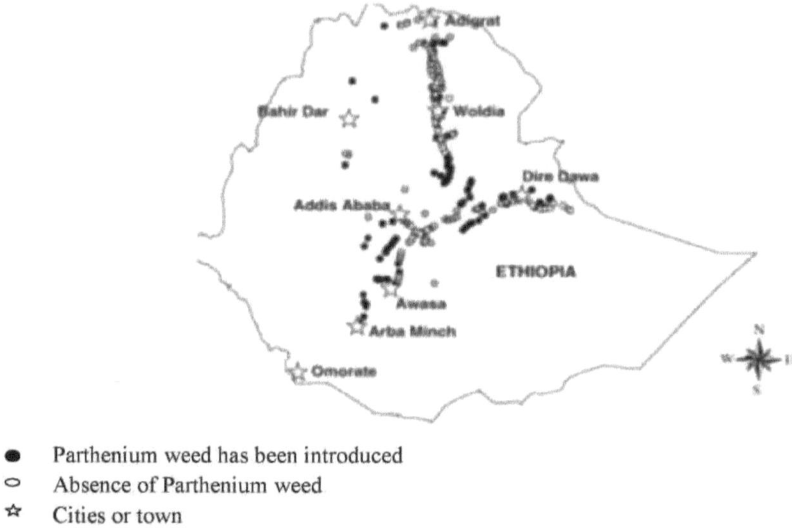

Fig 3. Um mapa que mostra a distribuição de Parthenium na Etiópia (**Fonte: McConnachie, 2011**)

2.3. Ameaças da invasão de Parthenium

2.3.1. Produção vegetal

Os impactos do Parthenium na agricultura, porque é um produtor de sementes extremamente prolífico (Navie *et al.*, 1996) e com um enorme banco de sementes em campos abandonados na Índia (Joshi, 1991), tem o potencial de ser um colonizador extremamente agressivo das culturas. No entanto, o seu impacto global no sistema de produção pode ser multifacetado e direto ou indireto, o que dificulta a quantificação das perdas.

Concorrência direta: A natureza alelopática dos fenólicos solúveis em água e das lactonas sesquiterpénicas das raízes, caules, folhas, inflorescências, pólenes e sementes de Parthenium tem um efeito inibidor na germinação e crescimento de espécies vizinhas. Além disso, uma gama de fenólicos como o ácido p-cumárico, o ácido cafeico, o ácido ferúlico, o ácido vanílico, o ácido anísico e o ácido fumárico em raízes e folhas secas tem um efeito inibidor sobre as bactérias fixadoras de azoto e nitrificantes (Kanchan e Jayachandra, 1981). Kohli *et al.*, (1985), referiram que a sobrevivência celular e o teor de clorofila diminuíam acentuadamente quando os lixiviados eram pulverizados diretamente sobre as plantas cultivadas. Dayama, (1986), observou que o efeito alelopático de extractos aquosos de raízes e rebentos no crescimento e nodulação de uma importante árvore agroflorestal (*L. leucocephala*) na Índia.

Da mesma forma, foram revelados efeitos alelopáticos com lixiviados foliares em várias espécies de culturas forrageiras, leguminosas e sementes oleaginosas (Aggarwal e Kohli, 1992). Além disso, Bhatt *et al.*, (1994), investigaram o efeito críptico dos extractos de parthenium, que induziram quase 90% de esterilidade polínica em sementes pré-tratadas em concentrações variáveis. As tentativas de medir a sua competitividade no sorgo irrigado na Índia revelaram que a presença da erva daninha reduziu o rendimento dos grãos em cerca de 6,47 a 4,25 toneladas/h e diminuiu o peso dos grãos em cerca de 30% (Channappagoudar *et al.*, 1990). Além disso, a forte acumulação do seu pólen na superfície estigmática provocou uma redução de 40% no enchimento dos grãos e uma perda de 20% da colheita nas Caraíbas (Towers *et al.*, 1992).

Efeitos indirectos: Fraca frutificação e redução do teor de clorofila nas culturas contaminadas e nas culturas vizinhas isentas de infestantes devido à interferência na biossíntese de porfirina (Rice, 1974). O seu papel potencial como hospedeiro alternativo de pragas das culturas, funcionando como reservatório entre estações ou fonte de inóculo, é outro efeito indireto. Além disso, o Parthenium actua como hospedeiro secundário de várias doenças das plantas. Um estudo realizado em Cuba indicou que o Parthenium é um hospedeiro natural e reservatório dos vírus X e Y da batata (Cordero, 1983).

2.3.2. Criação de animais

O impacto do Parthenium na produção animal é direto e indireto, afectando as pastagens, a saúde animal, a qualidade do leite e da carne, a comercialização de sementes de pastagem e de grãos. Foi referido que a erva daninha pode ser um problema grave nas pastagens e reduziu a capacidade de carga das pastagens. O gado que pastou em pastagens invadidas por Parthenium foi comercializado com um peso inferior ao do gado proveniente de zonas livres de infestantes. Um inquérito aos produtores de carne de bovino em zonas de pastagem fortemente infestadas na Austrália indicou que a infestante reduziu as taxas de lotação até 80% (McFadyen, 1992).

Narasimhan *et al.*, (1977), descobriram que enquanto o gado bovino e os búfalos se alimentam com moderação de Parthenium, as cabras pastam-na facilmente. No entanto, em testes de alimentação artificial, os vitelos de búfalo aceitaram a erva isoladamente ou em mistura com forragem verde. 69% deles desenvolveram dermatite grave e sintomas tóxicos e morreram num prazo de 8-30 dias. Foram registadas alterações na química do sangue e inibição das desidrogenases hepáticas, bem como alterações degenerativas no fígado e nos rins em búfalos (Ahmed *et al.*, 2003) e ovelhas (Rajkumar *et al.*, 1988).

O leite de bovinos, búfalos e ovinos também é contaminado pela partenina (Towers e SubbaRao, 1992) e afecta a carne de ovino (Tudor *et al.*, 1982). A partenium provoca alergias, dermatites, febre dos fenos, rinite e problemas respiratórios como asma e bronquite em animais sensíveis. O aleloquímico hepatóxico partenina afecta negativamente a saúde animal e a qualidade do leite (sabor amargo) e da carne. Sinais tóxicos como erupções eritematosas no corpo, alopecia e despigmentação do pescoço e dos ombros e edema à volta das pálpebras e dos músculos faciais em Búfalos e quantidades significativas de 10-50% na sua dieta mataram em 30 dias.

2.3.3. Saúde humana

Há mais de duas décadas, um risco grave para a saúde e uma morte foram atribuídos ao Parthenium a reacções alergénicas, nomeadamente à gripe e à asma. Os sintomas iniciais são descritos como comichão, vermelhidão, inchaço e bolhas nas pálpebras, rosto e pescoço, que depois se espalham para os cotovelos e joelhos. Nas fases mais avançadas, a pele fica mais espessa e escura. Atualmente, não existe cura para a doença, a não ser afastar-se da área infestada, uma solução impossível dada a sua presença omnipresente (Anónimo, 2003). Desde que foi publicada uma série de publicações sobre o impacto do Parthenium no bem-estar dos seres humanos, têm vindo a acumular-se provas que indicam que se trata de um problema muito mais grave do que se supunha inicialmente.

Recentemente, foi realizado um estudo exaustivo que visava especificamente os perigos da erva daninha: "após 1-10 anos de exposição, 10-20% da população desenvolve reacções alérgicas graves. O contacto prolongado com a pele resulta em dermatite de contacto eczematosa alergénica, enquanto a inalação de pólen pode causar rinite alergénica, que evolui para bronquite ou asma se o pólen entrar no trato respiratório. O principal culpado, a partenina, aumentou a atividade biológica (toxicidade), podendo causar danos cromossómicos em células animais, desacoplar a fosforilação e inibir enzimas celulares chave.

Por conseguinte, o seu pólen é atualmente uma das principais causas de rinite alergénica na Índia, com 7% da população afetada e mais de 40% sensível (Sriramarao *et al.*, 1991). Um estudo realizado na Índia demonstrou que uma proporção significativa de doentes com asma brônquica era sensível. De 63 doentes diagnosticados clinicamente com dermatite de contacto transmitida pelo ar, 62 apresentaram reacções positivas ao Partheniun (Suresh *et al.*, 1994).

Tanner e Mattocks, (1987), levantaram a hipótese de que a alimentação animal contaminada com Parthenium leva à contaminação do leite e que a partenina hepatotóxica reage sinergicamente com o cobre, causando a cirrose infantil indiana (ICC). Verificou-se um aumento da incidência de alergias respiratórias, com 7% dos residentes de Bangalore afectados por rinite alergénica e 42% dos doentes a sofrerem de alergia brônquica nasal na Índia devido ao seu pólen (Towers e Subba Rao, 1992). Na Austrália, 15% dos indivíduos regularmente expostos ao Parthenium desenvolveram dermatite e 7-15% desenvolveram problemas respiratórios (McFadyen, 1992). Do mesmo modo, na Austrália, McFadeyen, (1995), referiu que cerca de 10-20% dos indivíduos desenvolveram reacções alérgicas graves depois de expostos à erva durante 1-10 anos.

2.3.4. Biodiversidade

Devido à sua capacidade invasiva e propriedade alelopática, o Parthenium tem o potencial de perturbar os ecossistemas naturais. Compete por recursos como a luz solar, a humidade, os nutrientes e os espaços, pelo que as influências são imensas, insidiosas e geralmente irreversíveis. Foi relatado que, desde então, está a causar uma alteração total do habitat em prados nativos, bosques abertos, margens de rios e planícies aluviais. Além disso, os danos causados às espécies nativas e a degradação do habitat e o seu rápido aumento homogeneizam a flora e a fauna diferentes, resultando em perdas de biodiversidade e substituindo a maioria das espécies herbáceas associadas (Bhowmik *et al.*, 2005).

Invasões semelhantes de parques nacionais de vida selvagem na Índia, invadidos por povoações, mas ainda não se sabe se pode ou não competir com espécies alienígenas bem estabelecidas e igualmente agressivas como *Chromolaen aodorata* e *L. camara* (Kohli *et al.*, 2004). A invasão altera a hidrologia, a acumulação de nutrientes, o ciclo e o sequestro de carbono nos prados. Além disso, altera o habitat em prados, bosques, margens de rios e planícies aluviais através da germinação e da inibição do crescimento de espécies por libertação de substâncias químicas alelopáticas. O potencial alelopático desempenha um papel importante na deslocação da vegetação e interrompe a sucessão natural no ambiente natural. A erva daninha desloca espécies nativas e exóticas e muitas plantas medicinais comuns que crescem em terrenos baldios. Shabbir e Bajwa, (2006), referiram que o Parthenium compete diretamente com as pastagens, reduzindo o vigor das pastagens e a fixação de sementes, o que conduz a alterações no habitat e no ecossistema.

2.4. Opções de gestão para o Parthenium

2.4.1. Prevenção

A maneira mais fácil de evitar que a erva daninha se estabeleça em primeiro lugar é através de precauções simples; a sementeira de sementes de culturas e pastagens não contaminadas, a limpeza de veículos de cultivo e de colheita antes de os deslocar para áreas não infestadas e a quarentena a curto prazo de gado que tenha estado em áreas infestadas de parthenium reduzirão a propagação da erva daninha (Navie *et al.*, 1996). Práticas culturais como a seleção de um momento apropriado para a sementeira de culturas e pastagens, a utilização de sementes certificadas saudáveis e uma aplicação equilibrada de fertilizantes são úteis para criar culturas e pastagens saudáveis que podem suprimir o crescimento de ervas daninhas.

A manutenção da cobertura de relva em zonas problemáticas, como zonas de pastagem intensa, pontos de rega, bermas de estradas e recintos fechados, foi recomendada para reduzir a ocorrência e a distribuição do parthenium (PAG, 2000). Além disso, manter uma boa higiene e propriedade do campo, veículos de controlo de sementes e controlar o movimento de animais também pode ajudar a evitar a propagação do parthenium no campo. A utilização de outras técnicas, como a limpeza de grãos contaminados e de máquinas agrícolas contaminadas, é uma parte importante da gestão. A gestão através da manutenção da biodiversidade vegetal naturalmente existente e da sementeira de espécies supressoras seleccionadas em zonas infestadas revelou-se um instrumento muito útil.

2.4.2. Gestão do pastoreio

Pressão de pastoreio: indica o grau de pastoreio de uma pastagem, que é medido pela quantidade de pasto que os animais pastaram em comparação com a quantidade de pasto produzido nessa estação. Quando a pressão de pastoreio é elevada e prolongada, a competitividade das gramíneas desejáveis, perenes e produtivas diminui. Da mesma forma, Louda, (1989), pensou que os herbívoros influenciam as interacções competitivas entre as espécies de plantas, uma vez que reduzem a capacidade dos indivíduos que pastam para adquirir recursos ou impedem que os indivíduos se tornem completamente concorrentes. Quando a competição no pasto diminui, o parthenium ganha espaço para colonizar e iniciar a produção de sementes, aumentando rapidamente o seu banco de sementes no solo. Quando as espécies de gramíneas não conseguem lançar sementes, o seu banco de sementes no solo pode tornar-se muito reduzido.

Monitorização das condições das pastagens: As gramíneas desejáveis, perenes e produtivas têm de dominar e produzir sementes para manter um bom estado, pelo que a monitorização avalia o estado atual das pastagens, detecta tendências no estado das pastagens que indicam se o estado das pastagens está a melhorar e/ou a diminuir. Permite também afinar a gestão das pastagens antes que a vantagem competitiva se perca e a produção animal diminua. O desempenho animal diminui muito depois de o estado das pastagens começar a diminuir (Mountmorgan, 2006). A infestação de parthenium ocorre em áreas onde a vegetação nativa se perdeu ou onde se verificou uma perturbação contínua, particularmente o pastoreio intenso, que é uma relação inversa marcada entre a cobertura vegetal existente e a densidade das ervas daninhas.

Nigatu *et al.*, (2004), sugeriu que a diversidade dos efectivos é crucial para que os pastores mantenham uma mistura diversificada de gado em termos de espécies e classes. Ele observou que as razões para a diversificação são explorar diferentes nichos no ambiente, substituir e complementar os rebanhos em termos de produtos, taxa de crescimento e função, para reduzir a vulnerabilidade à seca e às doenças. As manadas e os rebanhos são separados em unidades de pastoreio distintas, a fim de melhor explorar as pastagens e os recursos hídricos e de ajustar a mobilidade. Separação do rebanho: é uma técnica que consiste em dividir o gado em rebanhos separados, dependendo da sua idade, sexo, tipo e produtividade, para manter a produtividade a longo prazo das pastagens, dependendo do tamanho do rebanho, da estação do ano, da produção, da preferência da comunidade e do isolamento geográfico (Solomon *et al.*, 1987).

Uma vez que a produtividade das pastagens é heterogénea no espaço e varia ao longo do tempo de forma flexível, a mobilidade ou movimento é crucial (Behnke, *et al.*, 1993). É o meio de estratégia mais bem adaptado e eficaz para a sobrevivência dos pastores num ambiente incerto e variável e é utilizado como meio de ajustar os desequilíbrios locais no número de animais e a disponibilidade sazonal de pasto e água (Behnke e Scoones, 1993). A mobilidade é determinada pela pluviosidade, pelo acesso aos recursos da área, pelas doenças dos animais, pelas opções de mercado, pela insegurança política e pelas catástrofes naturais, que têm um impacto negativo na identidade genética da raça, na transmissão de doenças e na educação, na saúde humana, no recenseamento dos recursos, no pagamento de impostos e no desenvolvimento de infra-estruturas (Nigatu *et al.,* 2004). A pressão da população humana, a anexação de terras, a insegurança, a prestação de serviços públicos e a má distribuição de instalações de abeberamento afectam a rota da mobilidade (Jacobs e Coppock, 1999).

Recintos ortográficos: O pastoreio adequado das pastagens e das terras de pastagem maximiza o ambiente de crescimento das espécies desejáveis através da minimização do crescimento das ervas daninhas (Monaco *et al.*, 2001). Por conseguinte, a ortografia incentiva a melhoria do estado das pastagens e o restabelecimento da competição, em que as gramíneas desenvolvem novamente os sistemas radiculares, lançam sementes e, finalmente, reabastecem os bancos de sementes do solo esgotados e podem constituir reservas vegetais essenciais para um crescimento vigoroso. Devido à diferença na composição e palatabilidade das pastagens no interior dos recintos, o pastoreio é desigual, pois, devido ao comportamento seletivo do gado, as espécies de pastagem mais palatáveis são consumidas em primeiro lugar e desfolhadas de perto. Consequentemente, o declínio da qualidade e da produtividade das pastagens ocorre quando a pressão de pastoreio é elevada, o que, por sua vez, cria manchas potencialmente susceptíveis a ervas daninhas.

Gestão dos pontos de rega: A distância do ponto de rega tem um impacto significativo nos nutrientes do solo e, consequentemente, na distribuição espacial das espécies herbáceas e no estado da área de distribuição. À medida que a proximidade do ponto de rega aumenta, a pontuação do estado da área de distribuição diminui, o que implica que o ponto de rega contribui para a deterioração da área de distribuição e, consequentemente, o pastoreio intenso altera a composição das comunidades vegetais; uma pressão de pastoreio adequada e uma taxa de lotação adequada foram consideradas úteis para a gestão das ervas daninhas.

Uma das principais características dos pontos de água é o facto de serem altamente susceptíveis ao parthenium e de se tornarem frequentemente zonas de dispersão de sementes. Por conseguinte, para superar a elevada pressão de pastoreio, é necessário estabelecer vários pontos de água por compartimento e proceder à rotação dos animais, alternando os pontos de água. Estudos demonstraram que o sobrepastoreio é um importante fator de degradação, pois altera a estrutura e a composição da vegetação, levando ao aumento da abundância de algumas espécies e à diminuição de outras (Yates *et al.*, 2000). Por conseguinte, para ultrapassar estes problemas, é necessário estabelecer vários pontos de água por paddock e proceder à rotação dos animais, alternando os pontos de água utilizados.

Outros sugeriram que o declínio da qualidade e da produtividade das pastagens ocorre quando a pressão de pastoreio é elevada. Isto, por sua vez, cria manchas potencialmente susceptíveis a ervas daninhas. Também é aconselhável que o gado não seja autorizado a pastar nas áreas afectadas, o que evitaria a propagação de sementes de parthenium. A vulnerabilidade das áreas afectadas pela situação física das áreas, por exemplo; as áreas inundadas são altamente propensas ao parthenium, uma vez que as gramíneas mortas pelas águas das cheias podem conter sementes de parthenium. Por isso, as pastagens inundadas precisam de descanso adequado e não é permitido pastar nas áreas afectadas para evitar a propagação do parthenium (Mountmorgan, 2006)

2.4.3. Controlo físico

Os relatórios indicam que são muito caros e não podem ser utilizados em todo o lado e que o alívio obtido é temporário e tem de ser repetido. Abordagens físicas, como a remoção manual, são muito populares em países como a Índia, o Paquistão, o Bangladesh, a Etiópia e o Nepal, devido à disponibilidade de mão de obra mais barata. Precisa de ser repetida em várias ocasiões devido ao crescimento e reemergência das ervas daninhas do banco de sementes do solo (Gupta, 1991). Por conseguinte, não é recomendado, a menos que sejam tomadas medidas de proteção para evitar contactos directos com a pele (Parson e Cuthbertson, 1992).

A lavoura e o corte antes da floração são considerados uma boa abordagem para obter um alívio mais rápido das ervas daninhas (Ang *et al.*, 1995). Recomenda-se uma lavoura profunda com mais de 7 cm de profundidade do solo para enterrar as sementes ou uma gradagem repetida antes da sementeira (Tamado, 2001). Bhan *et al.*, (1997), sugeriram que as plantas arrancadas para evitar a regeneração dos rebentos laterais remanescentes antes da floração, quando o solo está húmido, para facilitar a remoção. No entanto, este método só é eficaz em pequenas áreas, como em campos de cultivo intensivo ou em culturas de elevado valor. Mahadevappa, (1997), que recomendou que apenas as pessoas insensíveis à alergia ao parthenium se envolvessem, embora usando vestuário de proteção e posteriormente lavado para evitar a possibilidade de reação alérgica (Gupta e Sharma, 1977).

Nos países em desenvolvimento, a responsabilidade das mulheres e das crianças representa até 60% do trabalho pré-colheita. Além disso, o fogo tem sido estudado no controlo da biomassa acima do solo, mas a redução do banco de sementes do solo foi fraca. O estudo mostrou que houve um declínio na sua densidade após a queima, no entanto, o seu banco de sementes permaneceu grande (Vogler *et al.,* 2006). Assim, a gestão através de queimadas proporciona um pequeno alívio a curto prazo. A ceifa ou o corte não são recomendados, pois resultam numa rápida regeneração das plantas a partir de rebentos laterais (Gupta e Sharma, 1977). Por conseguinte, a lavoura, a nova sementeira, o estabelecimento de uma nova pastagem e o período de repouso suficiente ajudam a reabilitar as espécies de pastagens infestadas e promovem o crescimento, o que aumenta a capacidade de supressão, uma vez que as pastagens saudáveis com elevadas percentagens de cobertura do solo são mais supressivas do que as mais fracas com menos cobertura do solo.

2.4.4. Controlo químico

A utilização de herbicidas para controlar o Parthenium é frequentemente utilizada para matar as plantas rapidamente, mas só é eficaz a curto prazo. Holman, (1981), que considerou que as medidas herbicidas eram uma forma única de gerir a erva daninha. Os herbicidas têm muitas limitações; uma delas é que muitas vezes precisam de ser reaplicados sazonalmente, uma vez que as sementes continuam a emergir do banco de sementes do solo, o que só é viável em pequena escala dentro das áreas de cultivo e em casos de infestações irregulares (Tamado e Milberg, 2004). Tem também outras limitações, especialmente as que se prendem com o seu elevado custo, o seu impacto na saúde humana e no ambiente, bem como o potencial de desenvolvimento de resistência das infestantes após múltiplas aplicações.

2.4.5. Controlo biológico

Artrópodes: Outra abordagem para a supressão do crescimento de ervas daninhas inclui a utilização de insectos herbívoros, fungos e/ou plantas. O controlo das ervas daninhas através da utilização de insectos que se alimentam de plantas foi iniciado em meados da década de 1970 (Dhileepan, 2009). Argumentou-se que os factores bióticos suprimem a planta na sua área de distribuição nativa em comparação com o aumento da sua aptidão ou vigor na sua ausência, como na Austrália e na Índia, pelo que o controlo biológico parecia oferecer a melhor solução de gestão a longo prazo.

Agentes patogénicos: Muitos investigadores concentraram-se no potencial das bactérias e dos vírus, o que implica a exploração de agentes exóticos, biotróficos e coevoluídos, bem como de agentes patogénicos oportunistas, locais e plurivorosos. Com base em estudos de diferentes factos, especificamente sobre os danos causados pela ferrugem em Parthenium, a infeção acelerou a senescência das folhas, diminuiu significativamente o tempo de vida e o peso seco de Parthenium e reduziu a produção de flores em 90% (Parker *et al.*, 1994). Sugeriu que fossem incluídas cerca de 69 espécies de teste para o rastreio dos agentes de insectos (McFadyen, 1984), enquanto que para a ferrugem foram utilizadas 120 espécies. Foi desenvolvido um teste de especificidade do hospedeiro utilizando o método filogenético centrífugo, com salvaguarda incorporada, tendo sido utilizada uma série de critérios bem definidos para selecionar plantas de ensaio adicionais (Evans, 1995).

Micoherbicidas: Os investigadores consideraram que a possibilidade de utilizar micoherbicidas para controlar as ervas daninhas em situações não agrícolas era viável e estão em curso estudos sobre a produção em massa de fungos. No total, foram identificadas 25 espécies de fungos e o rastreio avançado da patogenicidade indicou que a maioria delas tinha a capacidade de suprimir a germinação de sementes de Parthenium e pode causar uma elevada mortalidade das plântulas, enquanto algumas podiam matar eficazmente as plantas adultas (Pandey *et al.*, 1992). No entanto, um rastreio subsequente da gama de hospedeiros mostrou que os isolados de *S. rolfsii* eram patogénicos para uma série de plantas cultivadas, bem como para outras infestantes (Mishra *et al.*, 1994).

Plantas antagonistas: A primeira observação de que as espécies de plantas concorrentes tinham um potencial de controlo biológico foi feita por Singh, (1983). Ele observou que *Cassia uniflora* (Leguminosae) movida para áreas anteriormente ocupadas por ervas daninhas poderia substituir o parthenium. Depois Naithani, (1987), observou que *C. sericea* tinha a capacidade de crescer mais do que o parthenium no nordeste da Índia, mas no sul reduzia o vigor da erva daninha (Mahadevappa e Ramaiah, 1988). Pouco depois, as substâncias alelopáticas em *C. sericea* afectam a germinação e o crescimento de parthenium (Jayakumar *et al.*, 1989), pelo que se recomendou a propagação extensiva de *C. sericea* e *C. uniflora* para utilização no controlo biológico da erva daninha.

As espécies de plantas de pastagem com características de crescimento adequadas, tais como a taxa de crescimento, a eficiência do uso da água e a absorção de nutrientes, a adaptação a uma vasta gama de climas, um sistema de enraizamento extenso e uma copa de folhas são capazes de suprimir o crescimento das ervas daninhas. As plantas que se desenvolvem mais rapidamente e formam copas acima do solo são muitas vezes supressoras do crescimento do parthenium, uma vez que fazem sombra e reduzem o seu crescimento (Tamado *et al.*, 2002). Na Índia, Fedogoso (*C. occidentalis*), Sena (*C. sericiea*), Seca stylo (*Stylosanthes scabra*), Guiné (*P. maximum*) e Buffel grass (*C. ciliaris*) foram espécies vegetais promissoras que suprimiram o crescimento das infestantes (Yaduraju *et al.*, 2005).

No Paquistão, as gramíneas nativas; Cogon (*Imperata cylindrical*), Halfa (*Desmosta chyabipinnata*), Blue-stem (*Dichanthium annulatum*), Slender Buffel (*C. pennisetiformis*) e Johnson grass (*Sorghum halepense*) foram relatadas como boas na supressão do crescimento de parthenium em pastagens (Anjum *et al.*, 2005). Na África do Sul, o crescimento do Parthenium é limitado pelo capim-amarelo-africano (*Eragrostis curvula*), pelo capim-guiné (*P. maximum*) e pelo capim-dedo comum (*Digitaria eriantha*) (Vander Laan *et al.*, 2008). Na Austrália, a Floren blue (*Dichanthium aristatum*), a Bisset blue (*Bothriochloa insculpta*) e a Buffel grass (*C. ciliaris*) mostraram uma supressão do crescimento num estudo em estufa (O'Donnell e Adkins, 2005). Além disso, Bowen *et al.*, (2007), relataram que as gramíneas nativas; Queensland blue (*Dichanthium sericeum*) e grama Windmill alta (*Chloris ventricose*) e gramíneas introduzidas; Buffel (*C. ciliaris*) e Leguminosa; Seca stylo (*S. scabra*) enquanto Bisset blue e Lablab (*L. purpureus*) foram supressivas no campo.

Assim, o sombreamento pela planta de abóbora de crescimento rápido (*Cucurbita maxima*) foi considerado o principal mecanismo de supressão do crescimento das ervas daninhas (Fujiyoshi *et al.*, 2007). O sorgo (*Sorghum bicolor*) e o milho (*Zea mays*) demonstraram suprimir significativamente o crescimento de Parthenium no campo, em resultado da sua capacidade de extrair eficientemente nutrientes e água do solo (Singh, 1993). O efeito supressor das plantas pode dever-se à libertação de fitotoxinas alelopáticas no ambiente que inibem o crescimento das infestantes vizinhas (Bais *et al.*, 2004). Por conseguinte, a utilização de plantas supressoras contra o Parthenium mostrou-se promissora em vários países; no entanto, pouco trabalho foi feito sobre a utilização de espécies de pastagem para suprimir o seu crescimento e reduzir a propagação do Parthenium na Etiópia.

2.4.6. Gestão integrada das ervas daninhas do Parthenium (IPWM)

Atualmente, os herbicidas são os mais primários e amplamente utilizados para o controlo de ervas daninhas, no entanto, o aumento da resistência aos herbicidas entre as ervas daninhas e o crescente interesse pela agricultura biológica e sustentável levaram a repensar as tácticas de gestão (McDonald *et al.*, 2009). Envolve a utilização de combinações de todos os métodos disponíveis, a utilização de técnicas físicas, químicas, biológicas e culturais, como a rotação de plantas, as plantas de cobertura, a cobertura morta e a monda mecânica, consideradas mais eficazes para o seu controlo a longo prazo (Groves, 1986). O sistema também consiste em lavoura zero, rotação de plantas e cultivares de plantas competitivas, altas taxas de sementeira, fertilização de plantas e plantas de cobertura (Blackshaw *et al.*, 2008). A IM reduz a carga de ervas daninhas ao esgotar o seu banco de sementes, reduzindo a população ao minimizar a sua germinação e reduz a competitividade das ervas daninhas ao aumentar a capacidade competitiva das plantas

Pesquisas voltadas para o manejo populacional de plantas daninhas identificaram aspectos valiosos do equilíbrio populacional, mortalidade dependente da densidade e estágios de vida que são importantes na regulação do tamanho da população (Mortensen *et al.*, 2000). No Brasil, Batish *et al.*, (2004), descobriram que a integração da gestão física, química e biológica teve mais sucesso. Na Austrália, a utilização de insectos e agentes patogénicos combinados com a pastagem foi considerada eficaz quando as populações de ervas daninhas diminuíram em tamanho e densidade, reduziram a altura média e a produção de flores (Dhileepan *et al.*, 2000a, b). O aumento da densidade das plantas e a otimização do tempo de plantação são importantes. No entanto, Shrestha *et al.*, (2001), que verificaram que a biomassa de ervas daninhas é menor com a integração da plantação em linhas estreitas com elevada densidade de plantação do que com a plantação em linhas largas com baixa densidade de plantação no milho.

CAPÍTULO 3

3. MATERIAIS E MÉTODOS

3.1. Descrição da área de estudo

3.1.1. Localização

O estudo foi efectuado na exploração agrícola Tony, um dos locais experimentais da Universidade de Haramaya, situada na região administrativa de Dire-Dawa. A exploração está situada na parte oriental da Etiópia, entre 9^0 28' 1" N e 9^0 49' 1" N de latitude e entre 41^0 38' 1" E e 42^0 19' 1" E de longitude (BOA, 2009) (Fig. 4). Faz fronteira com a zona administrativa de Hararghe oriental da região de Oromia, a sudeste, e com a zona de Shinile da região da Somália, a norte, leste e oeste. Tem uma área total estimada em 197 700 ha, dos quais 194 500 e 3 200 ha são rurais e urbanos, respetivamente.

3.1.2. Clima

Dire-Dawa tem um clima quente e seco com um baixo nível de precipitação. As temperaturas máximas e mínimas anuais da região foram de *32,4ª* C e 18,2ª C, respetivamente. A precipitação média anual da região foi de 604 mm. A altitude da região varia entre 960 e 1760 m de altitude (BOA, 2009).

3.1.3. População

A Região Administrativa tem uma população de 395.000 habitantes, dos quais 198.000 (50,13%) são do sexo masculino e os restantes 197.000 (49,87) são do sexo feminino. Do total da população da administração, 266.625 (67,5%) pessoas vivem em zonas urbanas, enquanto as restantes 128.375 (32,5%) pessoas residem nas zonas rurais da região. A taxa de crescimento anual da população da administração é de cerca de 2,5% e a sua contribuição para a taxa de crescimento anual global da população do país é de 0,5% (CSA, 2013).

3.1.4. Sistema de exploração agrícola

De acordo com o plano diretor da região, cerca de 28% da população total vive da agricultura. Da população rural, quase 96% dedicam-se à agricultura mista e os restantes 4% à produção animal. Dos terrenos agrícolas estimados, cerca de 12 640 ha estavam a ser cultivados e a área de irrigação não ultrapassava os 7%. Consequentemente, 54% dos meios de subsistência da população rural dependem da produção vegetal e 46% da produção animal e de outras actividades. O sistema de criação de gado pastoril é dominante nas condições áridas e semi-áridas, quando a precipitação é menor, pelo que existem dois sistemas agrícolas distintos na administração; transumante na baixa altitude e agricultura mista na média altitude (BOA, 2009).

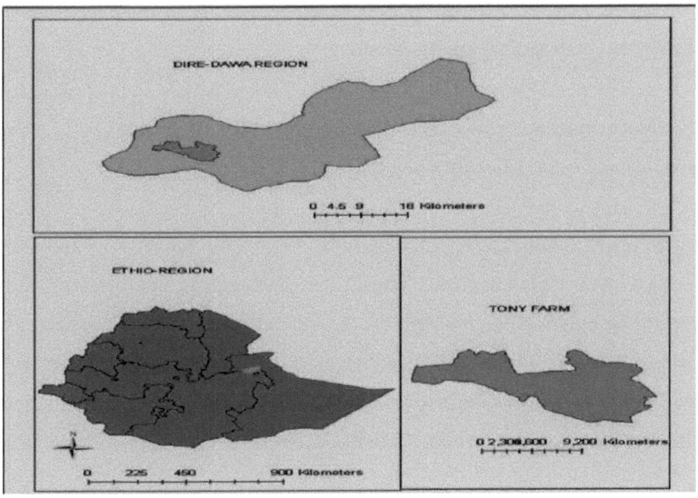

Fig. 4. Mapa da zona de estudo

3.2. Fontes de sementes de pastagem

Entre as espécies de teste utilizadas para este estudo experimental, três eram gramíneas (*C. ciliaris, C. gayana* e *P. coloratum*) e as duas espécies restantes (*D. intortum* e *L. purpureus*) eram leguminosas. As sementes das espécies de plantas de pastagem testadas foram obtidas do Ethiopian Institute of Agricultural Research (EIAR), do International Livestock Research Institute (ILRI) e do Somali Region Pastoral and Agro-

Instituto de Investigação Pastoral (SoRPARI). Por outro lado, as sementes maduras de Parthenium foram colhidas de plantas cultivadas no local experimental, uma planície quente onde a erva daninha constitui um problema particularmente grave.

Após a recolha, as sementes de parthenium foram debulhadas à mão e secas ao ar livre durante cinco dias, a fim de minimizar a dormência e manter a viabilidade das sementes. As espécies de pastagem testadas foram seleccionadas com base na sua vasta gama de adaptabilidade a diversos tipos de solo, na capacidade de tolerância prolongada à seca e nas características vigorosas e benéficas das pastagens, e são conhecidas por crescerem e terem também uma distribuição mais ampla nas pastagens orientais da Etiópia (Ahmed, 2003). Além disso, as três espécies de gramíneas foram testadas em condições de estufa quanto à sua capacidade competitiva contra o Parthenium (Shashie, 2007).

3.3. Espécies de plantas de pastagem de ensaio

A descrição botânica pormenorizada das espécies de pastagem testadas e o resumo das suas características (Quadro 1) são indicados a seguir.

C. ciliaris: é uma planta perene geralmente em tufos ou pouco rizomatosa, com caules até 1 m de altura, duros, delgados a moderadamente robustos, frequentemente muito ramificados, erectos ou ascendentes a partir de uma base decumbente ou estolonífera. O habitat em que está mais adaptada é em terrenos arbustivos e pastagens arborizadas em áreas secas, geralmente em solos leves em altitudes de até 2400 m a.s.l. A erva ocorre na Eritreia e na Etiópia, que se encontra desde África até à Índia e foi introduzida na América e na Austrália como erva de pastagem de áreas secas (Sylvia, 1995).

C. gayana: é um pasto perene robusto, geralmente estolonífero, com lâminas foliares planas, escabrosas, finamente afiladas. A inflorescência do pasto atinge 5-20 espigas digitadas, castanho-esverdeadas, das quais 4-12 cm de comprimento, vagamente erectas ou até certo ponto divaricadas, muitas vezes ligeiramente flexuosas. O habitat em que se encontra mais frequentemente são prados abertos, matagais de Acacia e clareiras de bosques até 700-2000 m a.s.l. Ocorre na Eritreia e na Etiópia; na África tropical e do Sul, onde é amplamente introduzida como gramínea forrageira e naturalizada nos trópicos e subtrópicos (Sylvia, 1995).

D. intortum: é uma erva rasteira perene com caules floridos ascendentes que atingem vários metros de comprimento. As flores são cor-de-rosa a vermelhas. Introduzida para melhorar a produção de forragem, é atualmente cultivada em algumas áreas, em terrenos de arbustos sempre verdes e terrenos agrícolas a altitudes entre 1700 e 2100 m. Floresce de setembro a dezembro, as abelhas recolhem pólen e néctar (Reinhard e Admasu, 1994).

L. purpureus: é uma erva trepadeira ou sub erecta, geralmente perene. O habitat adapta-se a prados, terrenos de mato, florestas de galeria, também cultivada como planta de cobertura e utilizada pelas suas sementes comestíveis. As altitudes variam entre 400-2350 m a.s.l. e encontra-se na maioria das regiões da Etiópia, em toda a África tropical (Sylvia, 1995).

P. coloratum: é uma planta perene de tufos, de porta-enxertos nodosos, com caules geralmente erectos e conhecida pela sua capacidade de ramificação. As lâminas das folhas são lineares, planas, verdes ou glaucas, glabras a pilosas, agudas a acuminadas. O habitat encontra-se em prados ou terrenos de arbustos de Acácia, bermas de estradas e margens de campos até 900-1800 m a.s.l. A erva ocorre na Eritreia, Etiópia, África tropical oriental e meridional, e foi introduzida na África ocidental e noutros países tropicais como erva forrageira (Sylvia, 1995).

Tabela 1. Resumo das principais características das espécies de pastagens conduzidas (http://yvyyyv.pasturepicker.coTn.au}.

Botanic Name	Origin	Family	Soil type	Drought tolerance	Grazing tolerance	Fodder prdn $th^{-1}y^{-1}$	Suppressive ability	Livestock Palatability
C. ciliaris	Native	Poaceae	wide	High	High	2.0-9.0	High	High
C. gayana	Native	Poaceae	wide	High	High	3.0-9.0	High	High
D. intortum	Exotic	Fabaceae	wide	High	High	2.0-5.0	Moderate	Moderate
L. purpureus	Native	Fabaceae	wide	High	Moderate	3.0-6.0	Moderate	High
P. coloratum	Native	Poaceae	wide	High	High	4.0-6.0	High	Moderate

Where the palatability of grasses species depends on the stages of stage of maturity

3.4. Taxa de germinação

A taxa de germinação das espécies em estudo e das sementes de Parthenium foi efectuada em placas de Petri (90 mm de diâmetro), revestidas com duas camadas de papel de filtro (3 mm; *Whattman No.1*). Todas as réplicas de cada tratamento foram incubadas na câmara de germinação, utilizando 50 sementes por placa de Petri, exceto as sementes de *L. purpureus*, que foram enchidas com 15 por placa de Petri, devido ao seu tamanho maior. O papel de filtro foi adequadamente humedecido em água destilada duas vezes por dia. As placas de Petri foram então cobertas com as respectivas tampas para evitar a perda de água.

As placas de Petri foram colocadas aleatoriamente numa mesa à temperatura ambiente no laboratório e aleatorizadas todos os dias para garantir que as placas de Petri recebiam uma quantidade de luz semelhante. As sementes consideradas germinadas, cujas radículas apareciam e eram contadas visualmente até que estivessem germinadas e/ou expiradas. Depois de observar as plântulas, as tampas foram abertas para registar cuidadosamente as plântulas.

Durante a experiência, a temperatura ambiente média diária máxima e mínima foi de 33 e 20^{α} C, respetivamente. A germinação cumulativa para cada espécie de teste e sementes de Parthenium foi determinada utilizando plântulas germinadas num intervalo de 24 horas durante 25 dias e, finalmente, os dados registados foram transformados no índice de germinação (IG) utilizando a seguinte fórmula (Chiapuso *et al.*, 1997).

Onde;

N_1, N_2 , N_3 ...N_{n-1} , N_n ; a proporção de sementes germinadas observadas posteriormente no primeiro (1), segundo (2), terceiro (3). (n-1), e (n) dia.

$$GI = N1 + \frac{1}{2}(N2 - N1) + \frac{1}{3}(N3 - N2) + ... + \frac{1}{n}(Nn - Nn - 1) \quad (1)$$

3.5. Amostragem e análise do solo

As amostras de solo foram recolhidas com um trado de solo nos quatro cantos e no centro de cada bloco até uma profundidade máxima de 30 cm. Foram recolhidas cinco amostras de solo de cada bloco e misturadas cuidadosamente para formar uma amostra composta, tendo sido recolhida uma subamostra de cerca de 200 g. Cada subamostra foi repetida duas vezes a partir dos respectivos blocos, com um total de 8 amostras. As amostras de solo foram secas à sombra durante uma semana, colocadas em sacos de papel e, finalmente, levadas para o Laboratório Central de Solos da Universidade de Haramaya para a análise de algumas propriedades físico-químicas, de acordo com os procedimentos padrão (Sahlemedhin e Taye, 2000).

A textura do solo foi determinada pelo método do hidrómetro de Bouyoucous (Bouyoucous, 1962) e a sua classe textural foi determinada utilizando o triângulo textural do sistema USDA. O azoto total foi determinado utilizando o método micro-kjeldhal (Jackson, 1958). O fósforo disponível foi determinado pelo método de Olsen (Olsen *et al.*, 1954). A CEC foi medida pelo método do acetato de amónio depois de saturar o solo com 1NNH4OAC e de o deslocar com 1NNaOAC (Chapman, 1965). O pH do solo foi determinado em água numa relação solo/água de 1:2,5 (Van Reeuwijk, 1992) e a matéria orgânica (MO) pelo método de digestão húmida utilizando o procedimento de Walkely e Black (Walkely e Black, 1980).

3.6. Implantação do campo e procedimentos experimentais

Foi selecionado um local uniforme, bem drenado, com uma superfície relativamente plana (8,40×19,60 m). A área foi cultivada com uma enxada até uma profundidade de cerca de 30 cm e deixada durante uma semana para dar tempo suficiente para matar as espécies de plantas anteriores. O local foi preparado para ser nivelado e depois dividido em quatro blocos (3,70×9,30 m). A divisão dos blocos foi feita de modo a que fossem rectangulares e perpendiculares à direção do declive esperado. Os blocos foram ainda divididos e marcados em 3 colunas por 7 linhas, com um total de 21 parcelas (0,90×0,90 m) por bloco, utilizando uma fita métrica, um fio e cavilhas de madeira.

As sementes foram semeadas em cada parcela com um ligeiro excesso da proporção necessária (40 por parcela) em cinco níveis diferentes de espécies-teste em relação ao Parthenium. Foi mantido um espaço de 1/2 e 1 m de largura entre as parcelas e os blocos, respetivamente, para facilitar a identificação das réplicas e a atividade experimental. O espaçamento de 10 e 30 cm foi mantido entre cada planta e linha de plantação, respetivamente.

Foi utilizado um tubo de irrigação de plástico ligado a um sistema de irrigação por aspersão para regar as parcelas. Após 10th dias de emergência, as plântulas foram desbastadas para os níveis de densidade necessários, o que permitiu o crescimento durante quatro meses. Todas as ervas daninhas emergidas, com exceção do Parthenium, foram removidas manualmente das parcelas. Finalmente, as espécies de pastagem testadas e o Parthenium foram colhidos pelo método de corte individual usando uma tesoura de relva.

3.7. Tratamentos experimentais e projeto

Os tratamentos foram estabelecidos a partir de um povoamento puro de uma espécie vegetal, que foi progressivamente substituído por plantas da segunda espécie até ao povoamento puro da última. Para além do povoamento puro de cada espécie vegetal ao mesmo nível de densidade, foram frequentemente utilizados tratamentos com a proporção de 75:25, 50:50 e 25:75. A densidade total de plantas em cada parcela manteve-se constante (40 por parcela), enquanto as proporções entre as espécies em estudo e o Parthenium foram variadas. Todos os tratamentos foram repetidos quatro vezes, utilizando um povoamento puro de Parthenium como tratamento de controlo.

Para o bioensaio de germinação de sementes e para o ensaio de supressão, foram utilizados, respetivamente, o Desenho Completamente Aleatório (CRD) e o Desenho Fatorial de Blocos Completos Aleatórios (RCBD) com quatro repetições. Os tratamentos foram dispostos em abordagem de substituição com experiência de série de adição (Rejmanek *et al.*, 1989). Os pormenores dos tratamentos e os desenhos experimentais são apresentados no Quadro 3 e na Fig. 5.

	Factorial treatment combination (N*V)				
	Test pasture plant species				
Density (%)	V_1	V_2	V_3	V_4	V_5
N_0 (0%)	V_1	V_2	V_3	V_4	V_5
N_1 (25%)	N_1V_1	N_1V_2	N_1V_3	N_1V_4	N_1V_5
N_2 (50%)	N_2V_1	N_2V_2	N_2V_3	N_2V_4	N_2V_5
N_3 (75%)	N_3V_1	N_3V_2	N_3V_3	N_3V_4	N_3V_5

Note; *V_1 - C. Ciliaris, V_2 - C. Gayana, V_3 - D. Intortum, V_4 - L. Purpureus, V_5 - P. coloratum*
N_0 = No parthenium, N_1 - 25 per cent parthenium, N_2 - 50 per cent parthenium, and N_3 - 75 per cent parthenium

Quadro 2. Combinação de tratamentos de Parthenium com espécies de plantas de ensaio ao nível de cinco densidades

R_3

V_5N_1	V_2	V_4N_1
V_4N_2	V_1	V_2N_2
V_1N_3	V_3N_1	V_4
V_4N_3	V_1N_1	V_2N_3
V_5N_2	V_5N_3	V_5
V_3N_2	V_3N_3	V_1N_2
PW	V_2N_1	V_3

R_1

V_3N_3	V_4N_2	V_4
V_5N_3	V_5N_1	V_2N_3
V_5	V_1N_3	V_2
V_5N_2	V_1	V_3N_1
V_3	*PW*	V_2N_1
V_2N_2	V_4N_1	V_1N_1
V_1N_2	V_4N_3	V_3N_2

R_2

V_2	V_4	V_2N_3
V_1N_2	V_3N_1	V_5N_1
V_5N_3	V_1N_3	V_3N_3
V_5	V_2N_2	*PW*
V_4N_3	V_1	V_4N_1
V_5N_2	V_2N_1	V_3N_2
V_3	V_4N_2	V_1N_1

R_4

V_4N_3	V_3N_1	V_5N_2
V_3N_2	V_1N_2	*PW*
V_2V_5	V_4	V_5N_3
N_3V_3	V_1N_1	V_1N_3
V_1	V_2N_1	V_2N_3
V_4N_1	V_3N_1	V_4N_2
V_5	V_5N_1	V_2N_2

Note; R_1, R_2, R_3 and R_4 were replication 1, 2, 3 and 4, the shaded plots (*PW*) = parthenium weed (as control treatment).

Fig. 5. Representação esquemática da disposição dos tratamentos no terreno

3.8. Métodos de recolha de dados

3.8.1. Altura da planta

Na altura, proporções iguais ou número de plantas (cinco plantas de cada espécie de ensaio) por parcela de todas as espécies e da erva daninha Parthenium foram seleccionadas aleatoriamente e marcadas para medição dos seguintes parâmetros de crescimento acima do solo. A altura (cm) das plantas de Parthenium e das plantas de pastagem foi medida desde o solo até à ponta da planta, utilizando uma fita métrica, tomando cinco plantas ao acaso por parcela de todas as parcelas mistas.

3.8.2. Número de ramos

Foram contados os números de perfilhos e/ou ramos dessas espécies de plantas de pastagem e da erva daninha Parthenium cultivadas em culturas mistas e em parcelas puras.

3.8.3. Área foliar

Para a determinação da área foliar, foram destruídas aleatoriamente seis folhas por planta (duas superiores, duas intermédias e duas inferiores) das plantas e parténios previamente marcados. As áreas das folhas seleccionadas foram então medidas passando cada folha por um scanner de área foliar denominado CI-202 Portable Leaf Area Meter.

3.8.4. Biomassa acima do solo

As restantes cinco plantas de Parthenium e as plantas de pastagem de teste por parcela foram colhidas, cuidadosamente separadas e colocadas em diferentes sacos de papel etiquetados por espécie e nível de densidade. As amostras foram então levadas para o Laboratório da Escola de Ciências Animais e da Vida Selvagem da Universidade de Haramaya para a determinação da biomassa de matéria seca (DMB). Todas as amostras foram secas em estufa a 72 "C durante 48 horas e o peso seco da biomassa foi medido utilizando uma balança eletrónica sensível. Por fim, os valores médios da biomassa de matéria seca e as respostas dos três atributos de crescimento do Parthenium foram utilizados para determinar a eficiência de inibição das espécies de teste sobre as ervas daninhas devido à adição de Parthenium através da aplicação da equação modificada de Chung *et al*., (2001).

$$IE = \left(\frac{DMBc - DMBt}{DMBc} \right) \times 100 \quad (2)$$

Onde;

IE= percentagem de IE de cada espécie de pastagem devido à adição de partenium DMBc= DMB do tratamento de controlo (partenium sem mistura de espécies de pastagem) DMBt= DMB do tratamento (Parthenium em mistura com espécies de pastagem)

3.8.5. Coeficiente de congestionamento relativo

A capacidade competitiva das espécies de plantas de pastagem testadas e do Parthenium foi comparada em termos de biomassa de matéria seca com base em diferentes níveis de densidade em experiências mistas, utilizando o modelo do Coeficiente Relativo de Aglomeração (DeWit, 1960) e o Índice de Agressividade (McGichrist e Trenbath, 1971). De acordo com DeWit, (1960), o Coeficiente Relativo de Ocupação da mistura de planta de pastagem e Parthenium de 50:50 foi calculado como:

$$RCCwt = DMBwt \big/ DMBw - DMBwt \quad (3)$$

$$RCCtw = DMBtw \big/ DMBt - DMBtw \quad (4)$$

Para a mistura de Parthenium e plantas de pastagem de ensaio, diferente de 50:50, foi calculado como

$$RCCwt = DMBwt(Ntw) \big/ DMBw - DMBwt(Nwt) \quad (5)$$

$$RCCtw = DMBtw(Nwt) \big/ DMBt - DMBtw(Ntw) \quad (6)$$

Onde;

Ywt = peso da matéria seca do parténio misturado com qualquer espécie de pastagem de ensaio
Ytw = peso da matéria seca de qualquer espécie de pastagem testada misturada com parténio
RCCwt = coeficiente de aglomeração relativa de parténio misturado com espécies de pastagem
RCCtw = coeficiente de aglomeração relativa de espécies de pastagem misturadas com parténio
Nwt = proporções de sementeira de parténio misturado com qualquer espécie de pastagem testada
Ntw = proporção de sementeira de qualquer espécie de pastagem testada misturada com parténio

3.8.6. Índice de Agressividade

O índice de agressividade das espécies vegetais testadas e do Parthenium em cada nível de densidade foi determinado com base no peso seco da biomassa dos rebentos das misturas de espécies. Utilizando o valor do IA calculado na equação abaixo, a espécie com o coeficiente mais elevado foi dominante, enquanto a espécie com o coeficiente mais baixo foi dominada. Com base na biomassa de matéria seca do Parthenium e das espécies de ensaio, as espécies de pastagem e o Parthenium tinham a mesma capacidade competitiva se o valor de IA fosse igual a zero.

Se o valor de IA for maior do que zero indica que, a maior capacidade competitiva das espécies de pastagens testadas sobre Parthenium ou vice-versa. O valor numérico de IA em ambas as misturas de plantas foi o mesmo, mas o sinal de dominante foi positivo enquanto o de dominado foi negativo, quanto maiores os valores numéricos, maiores as diferenças na capacidade competitiva.

De acordo com McGichrist e Trenbath, (1971), o índice de agressividade da mistura de espécies de pastagem e Parthenium foi calculado como

$$AItw = \left(\frac{DMBtw}{DMBt \times Ntw}\right) - \left(\frac{DMBwt}{DMBw \times Nwt}\right) \quad (7)$$

$$AIwt = \left(\frac{DMBwt}{DMBw \times Nwt}\right) - \left(\frac{DMBtw}{DBMt \times Ntw}\right) \quad (8)$$

Onde;

AItw = índice de agressividade de qualquer espécie de planta de pastagem testada misturada com Parthenium AIwt = índice de agressividade de Parthenium misturado com qualquer espécie de planta de pastagem testada Ytw = biomassa de matéria seca de qualquer espécie de planta de pastagem testada misturada com Parthenium Ywt = biomassa de matéria seca de Parthenium misturado com qualquer espécie de planta de pastagem testada Ntw = proporção de sementeira de qualquer espécie de planta de pastagem testada misturada com Parthenium Nwt = proporção de sementeira de Parthenium misturado com qualquer espécie de planta de pastagem testada

3.9. Análise estatística

Os dados recolhidos sobre a taxa de germinação foram analisados estatisticamente utilizando ANOVA de uma via e o teste da diferença mínima de significância (LSD) (Steel e Torrie, 1980) utilizado para explicar a diferença entre as médias dos tratamentos. No entanto, o DMB médio e os outros três parâmetros de crescimento do Parthenium foram submetidos a ANOVA de duas vias usando SAS (versão SAS, 2000) e a diferença média de tratamento foi feita usando o teste de intervalo múltiplo de Duncan (DMR). Por último, foi efectuada uma análise de correlação para determinar se existia alguma associação entre a eficiência de inibição das espécies de pastagem testadas e os atributos de crescimento, pelo que o modelo estatístico para a análise dos dados foi o seguinte

$$Yijk = \mu + Vi + Ny + Rj + (V * N)iy + eiyj$$

Onde;

Yijhe = as variáveis de resposta

μ = a média global

Vi = o efeito i^{th} das espécies de pastagem

2Vy = os níveis y^{th} do efeito de densidade

fij = o efeito de bloco j th

(V = JV)iy = a interação de i^{th} espécies e j^{th} nível de efeito de densidade eiy⁄= o erro aleatório associado a *γijk*

CAPÍTULO 4

4. RESULTADOS E DISCUSSÃO

4.1. Taxa de germinação

O estudo de germinação revelou que houve uma diferença significativa ($P < 0,05$) na germinação das espécies de plantas de pastagem testadas e da erva daninha Parthenium (Tabela 3). O índice de germinação máximo foi registado para *L. purpureus,* e diminuiu ligeiramente para uma semente de *C. ciliaris, C. gayana, P. coloratum*, e Parthenium e o índice mais baixo foi registado para a semente de *D. intortum.* A diferença no índice de germinação foi devida aos processos bioquímicos que ocorreram durante a formação da semente sob diferentes regimes de temperatura e radiação. Além disso, Galloway (2002) afirmou que as condições ambientais sob as quais as plantas crescem governam a taxa de germinação através da influência da composição química e do fornecimento de recursos de sementes (minerais, fotossintéticos e fito-hormonas) ao longo das estações de crescimento.

Observou também que as sementes produzidas por plantas a temperaturas mais elevadas, stress hídrico e dias mais curtos tiveram taxas de germinação mais elevadas do que as produzidas a temperaturas mais baixas, dias longos e condições de humidade favoráveis. Além disso, a estrutura das sementes, principalmente as que rodeiam o embrião, os factores que afectam o potencial de crescimento do embrião que são importados da planta-mãe e os produzidos pelo próprio embrião, incluindo várias hormonas vegetais (giberelina e ácido abscísico), são responsáveis pelo atraso (Koornneef *et al.*, 2002). Um estudo mais aprofundado sobre sinais específicos do ambiente (temperatura, luz e disponibilidade de nutrientes) identificou que o nível de hormonas regula a expansão dos cotilédones no interior do revestimento da semente através da rutura, que é controlada pelo ambiente.

As hormonas, por sua vez, regulam a transição das sementes da dormência para a germinação, iniciando os eventos que conduzem subsequentemente à germinação (Penfield *et al.*, 2007). Mesmo que houvesse uma quantidade substancial de água, as sementes de Parthenium mostraram um atraso significativo em condições de campo, necessitando de cerca de 74 dias para o início da germinação. A este respeito, Navie *et al.* (1998) referiram que as sementes de Parthenium necessitaram de cerca de 30 dias para iniciar a emergência em condições de campo, apesar de terem recebido 31 mm de precipitação. No entanto, as sementes necessitaram de mais de 60 dias desde a data de dispersão até ao início da emergência no campo em Dire-Dawa nas estações chuvosas (junho e julho) que receberam cerca de 76 e 81 mm de precipitação (Tamado *et al.*, 2002).

Tabela 3. O bioensaio de germinação de sementes das espécies de pastagens testadas e da erva parthenium.

Date of count	Number of germinated seeds																	
	C. ciliaris			*C. gayana*			*D. intortum*			*L. purpureus*			*P. coloratum*			*P. hysterophorus*		
	RI	RII	RIII	RI	RII	RIII	RI	RII	RIII	RI	RII	RIII	RI	RII	RIII	RI	RII	RIII
6th	0	0	0	0	0	0	0	0	0	1	0	0	0	0	0	0	0	0
7th	0	0	0	0	0	0	0	0	0	0	0	3	0	0	0	0	0	0
8th	0	0	0	0	0	0	0	0	0	3	2	2	0	0	0	0	0	1
9th	0	0	0	0	0	0	0	0	0	2	3	4	0	0	0	0	2	0
10th	0	0	0	1	1	2	0	0	0	1	4	3	0	1	0	1	1	1
11th	0	0	0	1	1	0	0	0	0	3	5	-	1	0	0	2	2	2
12th	0	1	1	0	2	1	1	0	0	-	1	-	0	2	2	0	1	1
13th	0	0	1	2	1	3	0	0	1	-	-	-	2	0	1	1	2	3
14th	1	1	0	1	2	2	0	1	0	-	-	-	1	2	3	3	4	2
15th	0	1	2	3	2	0	2	0	2	-	-	-	2	1	4	2	0	1
16th	0	2	1	0	3	1	1	1	1	-	-	-	1	3	2	0	3	3
17th	2	1	2	2	1	3	1	2	2	-	-	-	2	2	5	2	2	1
18th	1	2	1	3	1	2	2	0	1	-	-	-	1	1	3	3	2	3
19th	2	1	2	2	2	1	0	1	1	-	-	-	4	2	2	4	0	2
20th	1	3	1	1	1	3	2	0	2	-	-	-	3	2	2	1	2	0
21st	3	2	1	3	0	2	3	2	1	-	-	-	0	1	3	3	2	3
22nd	2	1	2	2	2	1	0	1	1	-	-	-	4	2	2	2	1	4
23rd	3	2	1	0	0	2	1	1	0	-	-	-	1	2	2	1	2	1
24th	1	3	0	1	1	0	1	1	0	-	-	-	2	0	1	0	2	3
25th	4	1	1	3	2	1	0	0	2	-	-	-	3	2	0	2	3	0
Total	26	31	21	32	28	31	21	17	18	11	15	14	33	30	29	35	41	38
Mean	26			30.67			18.67			13.33			30.67			38		
GI	1.32			1.41			0.67			2.25			1.89			1.41		

Key, **RI, RII e RIII= Replicação 1, 2 e 3, respetivamente; 0, 1, 2, 3, 4 e 5= Número de sementes germinadas; GI= Índice de germinação**

4.2. Análise físico-química do solo

Seguindo os procedimentos normalizados (Sahlemedhin e Taye, 2000) apresentados na metodologia, o solo tinha uma textura argilo-arenosa e algumas outras propriedades físico-químicas, tal como apresentado no Quadro 4.

Tabela 4. Algumas propriedades físico-químicas do solo do sítio experimental.

Rep	pH	OC (%)	OM (%)	TN (%)	Sand (%)	Clay (%)	Silt (%)	Av.P (ppm)	CEC(meq/ 100 Kg)
1	6.48	1.48	2.55	0.24	50.92	29.64	19.64	24.16	37.29
2	6.44	1.42	4.45	0.25	54.92	26.44	18.64	14.84	32.37
3	6.42	1.46	2.52	0.25	50.92	29.44	19.64	24.14	37.98
4	6.46	1.52	2.62	0.22	51.92	26.44	21.64	14.25	33.88
Mean	6.45	1.47	2.53	0.24	52.17	27.99	19.89	19.35	35.38

Nota; Rep = repetição, OC = carbono orgânico, OM = matéria orgânica, TN = azoto total, AvP = fósforo disponível, CEC = capacidade de troca catiónica.

4.3. Efeito das espécies de plantas de pastagem nos atributos de crescimento de Parthenium

4.3.1. Efeito do tipo de pastagem na biomassa de peso seco de Parthenium

O peso seco da biomassa de rebentos de Parthenium cultivado em mistura com espécies inteiras de pastagem foi significativamente diferente ($P < 0,05$) da parcela de Parthenium puro em cinco níveis de densidades de plantio. Entre as espécies de pastagem utilizadas, as três gramíneas; *C. ciliaris*, *C. gayana* e *P. coloratum* tiveram maior capacidade de supressão e produção de DMB do que as leguminosas; *D. intortum* e *L. purpureus*. A descoberta indicou que as gramíneas tinham uma maior capacidade competitiva devido a um maior grau de eficiência de inibição do que as espécies de leguminosas na erva parthenium.

Os resultados revelaram que *C. ciliaris*, *C. gayana, L. purpureus* e *P. coloratum* tiveram um *IE* 27, 32, 11 e 37% mais elevado do que o menos competitivo, *D. intortum,* a um nível de densidade mais elevado. Além disso, as espécies tinham uma boa capacidade competitiva a um nível médio de 18, 31, 4 e 26% e 2, 10, 4 e 9% a um nível de densidade mais baixo, em comparação com *D. intortum*, respetivamente (Quadro 5). Isto indicou que os tratamentos com *C. ciliaris*, *C. gayana* e *P. coloratum* tiveram menos DMB de Parthenium do que *D. intortum* e L. *purpureus* devido a uma maior capacidade de supressão.

4.3.2. Efeito da densidade de plantação de pastagem na biomassa de peso seco de Parthenium

A biomassa média de peso seco de Parthenium mostrou que houve uma redução significativa ($P < 0,05$) em várias densidades de plantio (Apêndice Tabela 2 e Fig. 6). As espécies de pastagem plantadas em densidade de plantio mais pesada tiveram maior IE e mais DMB em comparação com a densidade de plantio média e baixa. Portanto, ao aumentar a densidade de plantio de 10 para 20 plantas por parcela, a redução da biomassa de peso seco de Parthenium foi de 27, 33, 16, 12 e 29% em mistura com *C. ciliaris*, *C. gayana, D. intortum, L. purpureus* e *P. coloratum*, respetivamente.

O aumento da densidade de plantas de pastagem de 20 para 30 por parcela, o DMB reduziu em 20, 16, 15, 22 e 26% respetivamente (Tabela 5). Outro ponto importante a ser observado é que o aumento da densidade de plantio do nível mais baixo (10ppp) para o nível médio (20ppp) e para o nível mais pesado (30ppp) de densidade aumentou a eficiência de inibição das espécies de pastagem. No entanto, o aumento percentual na sua eficiência de inibição foi maior quando a densidade de plantio aumentou de 10 para 20 plantas por parcela. Isto deveu-se ao facto de a densidade de plantação mais elevada numa comunidade poder provocar uma competição por recursos limitados (luz, espaço, humidade e nutrientes), uma vez que o indivíduo maior adquire a maioria dos recursos em comparação com o menor.

A descoberta estava de acordo com a de Kolb *et al.* (2010), que revelaram que a maior redução no DMB de Parthenium foi alcançada através do aumento da densidade de plantio. Da mesma forma, Schwinning e Weiner (1998) relataram que a competição entre culturas e ervas daninhas por recursos de crescimento era assimétrica em termos de tamanho, mas o grau de assimetria aumenta com o aumento da densidade de indivíduos. Além disso, Xue e Stougaard (2002) observaram que o trigo, que foi semeado a 530 m^{-2} produziu 15% mais de rendimento e suprimiu a erva daninha centeio-bromo em 25% mais do que o trigo semeado a 265 sementes m^{-2} . No entanto, aumentando a sua densidade de 175 para 280 m^{-2} a capacidade competitiva aumentou, reduzindo o número de panículas da erva daninha de 352 para 323 m^{-2} e aumentando a densidade da erva daninha de 250 para 500 m^{-2} reduziu a sua biomassa e produção de sementes.

De acordo com Carlson e Hill (1985), uma infestação de aveia selvagem de 5,5 plantas m^{-2} resultou numa redução de rendimento de 20% em termos de 100 plantas m^{-2} . Do mesmo modo, a biomassa de ervas daninhas e a sua abundância diminuíram normalmente à medida que a densidade de plantação aumentou e a sua biomassa diminuiu com o aumento da densidade competitiva para as espécies de ervas daninhas (Olsen *et al.*, 2006). Um estudo mostra que o rendimento da cevada foi maior quando semeada a uma taxa mais elevada de 134 $kgha^{-1}$ ou 201 $kgha^{-1}$, em comparação com 67 $kgha^{-1}$, devido à diminuição da concorrência das ervas daninhas (Barton *et al.*, 1992). Um estudo abrangente que utilizou nove cultivares de trigo e duas de cevada revelou que a duplicação da densidade de 300 para 600 sementes m^{-2} aumentou o rendimento em 10% na presença de ervas daninhas, enquanto a biomassa das ervas daninhas foi reduzida em 28% (Mason *et al.*, 2007).

4.3.3. Efeito do tipo de pastagem e da densidade de plantação na biomassa de peso seco de Parthenium

O peso seco médio da biomassa de rebentos de Parthenium por planta cultivada em mistura com as espécies de plantas de teste e os desempenhos das espécies de teste são apresentados na Fig. 6 (a-f). O peso seco da biomassa de Parthenium reduziu-se significativamente ($P < 0,05$) em função do tipo de espécie e das densidades de plantação utilizadas. Sob a densidade de plantação mais pesada, a redução da biomassa de peso seco do Parthenium foi de mais de metade da sua produção cultivada em mistura com três espécies de plantas, em comparação com a sua biomassa pura da parcela. De um modo geral, a produção de DMB do Parthenium diminuiu à medida que a densidade das espécies-teste aumentou, indicando que a biomassa do Parthenium estava inversamente relacionada com a densidade das espécies-teste utilizadas (Quadro 5). O *IE* foi inferior a 50% quando cultivado em combinação com *D. intortum* e *L. purpureus*, enquanto foi superior a 40% a um nível médio de densidade com *C. gayana* e *P. coloratum*. No entanto, o peso seco da biomassa foi reduzido em menos de 20% a um nível mais baixo de densidade (Quadro 5).

Estas espécies que deram a maior percentagem de eficiência de inibição foram também as que produziram uma grande quantidade de forragem palatável, que é altamente desejável para espécies em situação de pastagem onde a erva daninha constitui um problema. Em geral, as pastagens tinham atributos de rápido estabelecimento, alta produção de biomassa e o desenvolvimento do dossel foi pensado para desempenhar um papel importante na capacidade de supressão, como resultado, eles foram capazes de sombrear e suprimir o crescimento de ervas daninhas. O facto de as espécies se estabelecerem rapidamente, crescerem mais depressa, produzirem copas altas, sombrearem o Parthenium e causarem grandes perdas de biomassa para a erva daninha. Isto indicou que as perdas impostas pelo Parthenium poderiam ser reduzidas através da sementeira destas plantas com uma densidade superior à da erva daninha existente, o que constituiria uma forte capacidade de supressão do crescimento da erva daninha.

A descoberta estava de acordo com a descoberta de Khan *et al.* (2011) que relatou que as habilidades supressivas de espécies de pastagem, *C. ciliaris* e *C. gayana,* suprimiram o DMB de Parthenium em 71 e 79% em Monto enquanto *C. ciliaris* em 74% no local de Injune na Austrália. Outra pesquisa realizada no campo por O'Donnell e Adkins (2005) revelou que o crescimento de Parthenium foi suprimido em mais de

50% utilizando *C. ciliaris* e 69% quando se utilizou um agente de controlo biológico adequado com erva. De acordo com Taye *et al.* (2002), o peso seco da biomassa e o peso das sementes de Parthenium por planta foram significativamente reduzidos em 36 e 72% em Tullo e em 35 e 50% em Chrio, respetivamente.

As espécies desejáveis foram aquelas capazes de suprimir o crescimento da erva daninha e produzir uma biomassa forrageira relativamente maior numa variedade de condições climáticas e capazes de se adaptar a uma ampla gama de tipos de solo. A forte capacidade de supressão das espécies em diferentes condições ambientais indicou que podem ser utilizadas como ferramenta para a gestão da erva daninha Parthenium para minimizar as perdas e conter a sua propagação. Observações sem suporte sugerem que muitas das gramíneas nativas tinham boa capacidade de perfilhamento e padrão de crescimento rápido, produzindo um sistema radicular extenso e uma copa de folhas bem cedo após a emergência do solo no campo. Por outro lado, verificou-se que *a L. purpureus* é supressiva em ambiente de estufa (O'Donnell e Adkins, 2005).

O estudo realizado sobre o efeito da aplicação de ambas as plantas competitivas, a cultivar de trigo e o aumento da densidade de plantação sobre a biomassa das ervas daninhas revelou que a redução da biomassa das ervas daninhas foi maior quando se utilizaram densidades de plantação mais elevadas (Champion *et al.*, 1998). No entanto, o aumento da densidade de plantação é mais útil durante o estabelecimento e o crescimento inicial, mesmo que as características competitivas sejam mais importantes. Um estudo fitossociológico sobre 27 espécies de infestantes em associação com Parthenium no distrito de Raipur, na Índia, mostrou que *P. hysterophorus* e *Cassia tora* tinham um elevado grau de sociabilidade e formavam grandes colónias em solo arável (Oudhia, 2001). Do mesmo modo, um estudo efectuado em Islamabad e Rawalpindi revelou que *C. occidentalis* substituiu gradualmente Parthenium em parcelas quando cultivadas em concorrência (Shabbir e Bajwa, 2005). Do mesmo modo, Joshi, (1991), revelou que cinco anos após a introdução de *C. uniflora* num local fortemente infestado de ervas daninhas, a população foi reduzida em 84%.

Tabela 5. Eficiência de inibição de espécies de plantas de pastagens sobre atributos de crescimento de parthenium cultivadas em cultura mista.

Species mixture	Density (%)	Growth parameters			
		Height (cm)	Tiller/Branch (no.)	Leaf Area	DMB (g/plant)
C. ciliaris: P. hysterophorus	25:75	$0.07±4.1^{d}$	$0.09±0.3^{cd}$	$0.02±0.9^{cd}$	$0.11±0.09^{de}$
	50:50	$0.34±2.1^{b}$	$0.19±0.4^{bc}$	$0.21±1.6^{ab}$	$0.39±0.39^{c}$
	75:25	$0.39±3.5^{ab}$	$0.30±0.2^{ab}$	$0.24±0.9^{ab}$	$0.59±0.49^{b}$
C. gayana: P. hysterophorus	25:75	$0.16±7.9^{c}$	$0.14±0.4^{c}$	$0.03±1.2^{c}$	$0.19±0.32^{d}$
	50:50	$0.38±3.5^{ab}$	$0.26±0.2^{b}$	$0.12±1.2^{bc}$	$0.52±0.46^{b}$
	75:25	$0.44±2.2^{ab}$	$0.41±0.3^{a}$	$0.30±1.2^{cd}$	$0.68±0.26^{ab}$
D. intortum: P. hysterophorus	25:75	$0.09±3.5^{d}$	$0.07±0.2^{cd}$	$0.04±0.9^{cd}$	$0.09±0.12^{e}$
	50:50	$0.21±2.2^{c}$	$0.15±0.3^{c}$	$0.11±0.9^{bc}$	$0.21±0.22^{cd}$
	75:25	$0.27±2.9^{bc}$	$0.16±0.3^{c}$	$0.12±0.9^{bc}$	$0.36±0.43^{c}$
L. purpureus: P. hysterophorus	25:75	$0.12±2.2^{d}$	$0.08±0.3^{cd}$	$0.09±1.2^{c}$	$0.13±0.08^{de}$
	50:50	$0.28±2.9^{bc}$	$0.13±0.3^{c}$	$0.12±1.2^{bc}$	$0.25±0.13^{cd}$
	75:25	$0.28±2.1^{bc}$	$0.21±0.4^{bc}$	$0.18±1.2^{b}$	$0.47±0.34^{bc}$
P. coloratum: P. hysterophorus	25:75	$0.21±2.9^{c}$	$0.12±0.3^{c}$	$0.08±1.1^{c}$	$0.18±0.84^{d}$
	50:50	$0.35±2.1^{b}$	$0.37±0.4^{ab}$	$0.20±1.1^{ab}$	$0.47±0.16^{bc}$
	75:25	$0.52±4.1^{a}$	$0.40±0.3^{a}$	$0.36±1.1^{a}$	$0.73±1.65^{a}$

4.3.4. Efeito das espécies de pastagem na altura atingida por Parthenium

Como mostrado na Tabela 5, a adição das espécies de plantas testadas em Parthenium teve um impacto significativo (P < 0,05) na altura atingida pela erva daninha. No nível mais pesado de densidade, a altura do Parthenium foi altamente inibida por uma redução média de 39, 44, 27, 34, e 57% cultivada em mistura com *C. ciliaris*, *C. gayana, D. intortum, L. purpureus* e *P. coloratum* respetivamente. Os resultados revelaram ainda que a inibição da altura foi de 34, 38, 22, 28 e 35% no nível médio de densidade e foi de 10, 26, 9, 18 e 25% no nível mais baixo de densidade.

Os resultados estão em consonância com os de Taufik (2009), que estudou o efeito combinado da infeção e da competição através da aplicação de ferrugem e de uma planta competitiva (*C. ciliaris*) em três fases de crescimento do Parthenium. Os resultados revelaram que a altura da erva daninha diminuiu 12 e 28% na presença de concorrência, enquanto que apenas na presença de concorrência a diminuição foi de 12%. Num estudo de competição do arroz contra o arroz vermelho, identificou-se que as diferenças de competição entre as plantas estavam relacionadas com a sua altura, sendo as mais altas mais competitivas do que as semi-anãs (Kwon *et al.*, 1991). Do mesmo modo, Seefeldt *et al.* (1999) referiram que o trigo mais alto reduziu o capim-bode e manteve o seu rendimento sob competição de ervas daninhas.

Coleman *et al.* (2001) verificaram que o trigo com folhas maiores e mais compridas, e com uma altura mais elevada, é geralmente mais tolerante do que o centeio. Além disso, Zerner *et al.* (2008) mostraram que a altura da planta está associada à capacidade de tolerar a concorrência das ervas daninhas, pelo que o aumento da altura da planta era indispensável tanto para a tolerância da planta como para a supressão das ervas daninhas. Walker *et al.* (2008) sugeriram que a altura da planta na maturidade não reflectia a diferença na capacidade competitiva, sendo a mais alta a menos competitiva, o que indicava que a altura da planta por si só pode nem sempre contribuir para a competição, pelo que outras características para além da altura da planta estão associadas à competitividade da planta.

4.3.5. Efeito das espécies de pastagem no número de ramos de Parthenium

Como indicado no Quadro 5, as espécies de plantas de ensaio cultivadas em combinação com Parthenium afectam o número de ramos de ervas daninhas, mostrando uma diferença significativa (P < 0,05). O número de ramos de Parthenium reduziu até 46, 37 e 15% em níveis de densidade mais altos, médios e baixos, respetivamente. Isto indica que o Parthenium a um nível mais baixo de densidade é quase igualmente vigoroso do que o Parthenium numa parcela pura. Um estudo efectuado por Taye *et al.* (2002) sobre o efeito da ferrugem nos parâmetros de crescimento de

O Parthenium em condições de campo em dois distritos mostrou uma redução significativa na altura, número de ramos e área foliar das ervas daninhas. Salientou que as plantas sofreram uma redução de 10, 10, 31, 19, 32 e 40% em Chrio e de 15, 23, 50, 40, 26 e 33% em Tullo para a altura da planta, número de folhas por planta, comprimento da folha, largura da folha, área da folha e número de ramos por planta, respetivamente.

4.3.6. Efeito das espécies de pastagem na área foliar de Parthenium

A área foliar média de Parthenium foi significativamente menor ($P < 0,05$) quando cultivada em mistura com todas as espécies de plantas testadas. A um nível de densidade mais elevado, a área foliar média da erva daninha diminuiu 24, 30, 12, 31 e 36 em mistura com *C. ciliaris*, *C. gayana, D. intortum, L. purpureus* e *P. coloratum*, respetivamente. A um nível médio de densidade, a área foliar das ervas daninhas reduziu-se em 21, 29, 12, 29 e 25%, enquanto se reduziu em 2, 3, 5, 9 e 8 a um nível mais baixo de densidade, respetivamente (Quadro 5). Esta constatação corrobora as conclusões de Huel e Hucl (1996), que referem que a área foliar das plântulas é considerada como uma medida da cobertura inicial do solo, que é uma caraterística essencial da capacidade competitiva das culturas iniciais.

Assim, o maior tamanho da folha foi associado ao vigor precoce da planta, avaliado com base no tamanho da folha da plântula. Além disso, muitas cultivares com alta capacidade competitiva eram mais altas do que suas vizinhas com folhas horizontais e extensa exibição de folhas (Lemerle *et al.*, 2001). A planta mais alta foi capaz de intercetar as maiores proporções de radiação fotossinteticamente ativa e suprimir as ervas daninhas em comparação com as plantas mais baixas (Champion *et al.*, 1998). Do mesmo modo, Bryson (2003) referiu que as espécies que crescem mais rapidamente produzem uma cobertura de copa espessa, ocupam mais espaço, tornam-se mais altas, física e ecologicamente dominantes, inibindo ou mesmo eliminando outras. Da mesma forma, Bekeko *et al.* (2012) relataram que a redução da área foliar e do número de ramos de espécies competitivas reduziu a quantidade de fotossintatos, o que, por sua vez, reduz a altura da planta e o número de ramos que produzem flores e sementes.

4.3.7. Coeficientes de aglomeração relativos

O Coeficiente Relativo de Ocupação de *C. ciliaris*, *C. gayana* e *P. coloratum* com base no peso seco da biomassa dos rebentos teve um valor mais elevado do que o Parthenium (Quadro 6). Em níveis mais pesados e médios de densidade, as três espécies, *C. ciliaris*, *C. gayana* e *P. coloratum* tiveram valores mais altos. No entanto, *D. intortum* e *L. purpureus* tiveram um valor mais elevado apenas no nível mais pesado de densidade, o que demonstra que as espécies testadas são mais dominantes do que Parthenium nos níveis correspondentes de densidade. Por outro lado, o Parthenium revelou-se mais dominante do que as duas leguminosas a níveis médios e baixos de densidade e as três gramíneas apenas a níveis mais baixos de densidade, como indicado pelo Coeficiente de Aglomeração Relativa mais elevado.

4.3.8. Índice de agressividade

Como mostra a Tabela 6, o valor numérico do índice de agressividade de todas as espécies testadas foi positivo no nível mais pesado de densidade. No entanto, a um nível médio de densidade, apenas três espécies, *C. ciliaris*, *C. gayana* e *P. coloratum,* tiveram um valor positivo, indicando que o peso seco da biomassa de Parthenium foi fortemente inibido na presença das espécies. O resultado mostrou ainda que a inibição do peso seco da erva daninha na presença de duas espécies; *D. intortum* e *L. purpureus* em igual proporção não foi. A um nível mais baixo de densidade, todas as espécies testadas tiveram um valor negativo, enquanto o Parthenium teve um valor positivo, o que significa que todas as espécies inibiram fortemente a presença de Parthenium.

O estudo em estufa realizado por Shashie (2007) mostrou que *C. ciliaris* foi mais dominante do que Parthenium em todos os níveis de densidade (75:25, 50:50 e 25:75), *P. coloratum* em dois (50:50 e 75:25) enquanto *C. gayana* competiu apenas no nível de densidade mais alto (75:25) com mais valores de Coeficiente de Aglomeração Relativa e Índice de Agresividade. No entanto, em condições de campo, as espécies testadas não foram capazes de exercer o seu potencial supressor a um nível de densidade mais baixo (25:75). Além disso, a diferença no valor do CCR e do IA deveu-se às maiores variações entre o ambiente da estufa (humidade constante do solo e disponibilidade de nutrientes, ausência de pragas e confinamento dentro dos vasos) e as condições de campo.

Os valores do índice de agressividade e do coeficiente de aglomeração relativa obtidos no estudo ajudariam a determinar a supressão do crescimento de Parthenium por espécies de plantas de pastagem de teste em campos onde se verificou uma grande infestação de ervas daninhas. O resultado indicou que *P. hysterophorus* foi considerado um concorrente fraco, como evidenciado pelo facto de não ter conseguido estabelecer-se em áreas onde havia plantas de pastagem dominantes com copa próxima e compacta. No entanto, os resultados do coeficiente de aglomeração relativa e do índice de agressividade não estavam em conformidade com os resultados de Shashie (2007) num estudo em estufa. A razão pode ser devida à diferença ambiental que as espécies de pastagem conduziram, o que as tornou incapazes de repetir a sua capacidade de supressão em condições de campo.

As leguminosas, *D. intortum* e *L. purpureus,* não conseguiram suprimir fortemente o crescimento de Parthenium. *L. purpureus mostrou-se pobre na supressão* do crescimento de ervas daninhas, embora tenha sido boa na produção de biomassa devido ao rápido estabelecimento, crescimento e maior área foliar. *D. intortum* foi pobre tanto na supressão de ervas daninhas quanto na produção de biomassa devido à menor biomassa, menor altura da planta, menor capacidade de perfilhamento e menor área foliar, além de seu atraso no estabelecimento. Em contrapartida, *a L. purpureus revelou-se* altamente supressiva em ambiente de estufa. Se for testada noutros locais, pode haver a possibilidade de ser supressiva no ambiente aí encontrado.

Além disso, o facto de ser uma leguminosa pode ser capaz de aumentar a produtividade da erva se for semeada em mistura com a erva. Além disso, Friedli e Bacher (2001) sugeriram que a supressão da planta em condições controladas muda quando é conduzida no campo devido a diferenças bióticas e abióticas entre os dois ambientes. Além disso, as diferenças podem dever-se provavelmente à diferença entre os dois locais (tipo de solo, fertilidade e pH) (Quadro 4), entre o banco de sementes de Parthenium e entre os dois locais, bem como à precipitação e às temperaturas anuais (Quadro 1 do Apêndice). Esta constatação está de acordo com as conclusões de Callaway *et al.* (2002), que demonstraram que o ambiente é importante para o crescimento e a interação competitiva.

Tabela 6. Valor do Índice de Agressividade e do Coeficiente de Aglomeração Relativa das espécies vegetais testadas e do Parthenium

Species mixture	Density (%)	Ait	AIp	RCCt	RCCp
C. ciliaris: P. hysterophorus	25:75	-0.41	0.41	0.10	1.37
	50:50	0.08	-0.08	0.20	0.15
	75:25	0.61	-0.61	2.57	0.10
C. gayana: P. hysterophorus	25:75	-0.48	0.48	0.09	1.61
	50:50	0.25	-0.25	0.22	0.14
	75:25	0.52	-0.52	1.69	0.09
D. intortum: P. hysterophorus	25:75	-0.71	0.71	0.07	2.55
	50:50	-0.19	0.19	0.15	0.26
	75:25	0.04	-0.04	0.92	0.19
L. purpureus: P. hysterophorus	25:75	-0.63	0.63	0.08	2.01
	50:50	-0.32	0.32	0.16	0.24
	75:25	0.05	-0.05	0.81	0.16
P. coloratum: P. hysterophorus	25:75	-0.44	0.44	0.12	1.78
	50:50	0.11	-0.11	0.19	0.16
	75:25	0.68	-0.68	2.33	0.07

Legenda . **Alt, RCCt = índice de agressividade e coeficiente de aglomeração relativa das espécies de pastagem testadas, Alp, RCCp = índice de agressividade e coeficiente de aglomeração relativa de Parthenium.**

4.4. Desempenho produtivo das espécies de plantas de pastagem

As espécies de pastagem foram significativamente diferentes ($P < 0,05$) no desempenho da produção dos quatro atributos de crescimento testados quando cultivadas em parcelas livres de ervas daninhas (Tabela 7). Entre as espécies de plantas de pastagem, *C. ciliaris, C. gayana, L. purpereus* e *P. coloratum* produziram a maior biomassa de peso seco. *C. gayana produziu* maior biomassa de matéria seca em comparação com todas as espécies de pastagem, enquanto *D. intortum produziu a* menor. Verificou-se uma tendência de que *L. purpureus* e *P. coloratum* tiveram bons produtores de biomassa de matéria seca, não significativamente diferentes de *C. gayana*.

O resultado indicou que houve diferenças significativas no peso seco da biomassa de rebentos entre espécies de pastagem e Parthenium em quatro parâmetros de crescimento testados. Pensa-se que *o D. intortum é* menos competitivo devido à sua baixa estatura, menor capacidade de perfilhamento, pequena área foliar e menor caprodutor de biomassa de pastagem em condições de ausência de ervas daninhas, em comparação com os outros. A maior produção de forragem de *C. ciliaris*, *C. gayana* e *P. coloratum* indica que as espécies podem ter maior capacidade de adaptação ao solo e às condições climáticas do campo, de modo a suprimir o Parthenium e produzir forragem em quantidade significativa.

Outra possível razão para a maior produção de matéria seca pode dever-se ao comportamento de crescimento da espécie, como o rápido estabelecimento de plântulas, maior altura da planta, capacidade de perfilhamento, área foliar e rápida acumulação de biomassa. Estas características ajudaram-nas a crescer mais rapidamente e desenvolveram uma densa copa de plantas que, consequentemente, sombreia a erva daninha, priva a sua luz e, muito provavelmente, a água e os nutrientes do solo, resultando na supressão do crescimento.

Esta constatação está de acordo com as conclusões de Williams e Groves (1980) e Tamado *et al.* (2002), que afirmam que o Parthenium é sensível à sombra de outras espécies de plantas. Além disso, em condições de ausência de ervas daninhas, o peso seco da biomassa das espécies vegetais variou de 238 a 349 g/parcela, indicando que a variação observada no potencial de rendimento. Do mesmo modo, Bussan *et al.* (1997) observaram que a soja, que se estabeleceu rapidamente e tem um elevado potencial de biomassa em condições de ausência de infestantes, é um concorrente superior em termos de produção, pelo que o resultado demonstrou que quanto maior o peso seco da biomassa dos rebentos, maior a eficiência de inibição, para além de *L. purpureus*.

4.5. Características das espécies de plantas de pastagem

4.5.1. Forte eficiência de inibição e maior biomassa de matéria seca

As espécies de plantas testadas com maior peso de matéria seca e eficiência de inibição tiveram maior potencial de supressão de ervas daninhas, o que confirmou menor matéria seca de Parthenium devido à maior capacidade competitiva. A maior eficiência de inibição de *C. ciliaris*, *C. gayana* e *P. coloratum* (Quadro 5) deveu-se ao rápido estabelecimento das plântulas (Apêndice Quadro 2), maior altura da planta, maior capacidade de perfilhamento, maior área foliar e acumulação de matéria seca (Quadro 7) que parecem ser responsáveis por uma forte supressão do que as duas leguminosas; *D. intortum* e L. *purpureus*.

Outra explicação possível pode ser o facto de a capacidade de adaptação das espécies a uma vasta gama de tipos de solo e condições climáticas (Quadro 1) as ter ajudado a serem mais supressivas e lhes ter permitido produzir forragens palatáveis em quantidades significativas. Esta constatação está de acordo com a de Aerts *et al.* (1991), que referem que as características de crescimento das plantas, tais como maior área foliar, maior altura e obtenção de biomassa, permitem que as plantas utilizem os recursos ambientais de forma mais eficiente.

Além disso, Bowen *et al.* (2007) referiram que duas gramíneas nativas australianas, a Queensland blue (*Dichanthium scriceum*) e a alta Windmill (*Chloris ventricosa*), e a gramínea nativa sul-africana, a African Love grass (*Eragrostis curvula*), tinham uma boa capacidade de supressão do crescimento de Parthenium, apesar de as suas características de crescimento não serem superiores às das espécies introduzidas. Além disso, a espécie pode inibir o crescimento de Parthenium através da libertação de aleloquímicos, de acordo com Knox *et al.* (2010). É interessante notar que as espécies nativas foram geralmente mais supressivas do que as introduzidas e isso foi semelhante à descoberta de Larger *et al.* (2010), que relatou que as espécies de plantas nativas com fortes características de crescimento foram altamente supressivas para a planta invasora.

4.5.2. Baixa eficiência de inibição e menor biomassa de matéria seca

No estudo, as duas espécies de leguminosas; *D. intortum* e *L. purpureus* foram pouco supressivas (<50%) do que três espécies de gramíneas; *C. ciliaris*, *C. gayana* e *P. coloratum*. Entre as leguminosas, *L. purpureus* foi pobre em eficiência de inibição, pois produziu maior peso de matéria seca em cultura de parcela pura em contraste com

D. intortum, que foi pobre tanto em eficiência de inibição (Quadro 5) como em produção de matéria seca (Quadro 7). A menor altura da planta, a menor capacidade de perfilhamento, a menor área foliar e a fraca acumulação de biomassa das espécies são factores da sua fraca capacidade de supressão. A constatação atual está em conformidade com a constatação de Wang *et al.* (2006), que referiram que o feijão-frade (*Vigna unguiculata*), uma leguminosa de baixa estatura, era menos supressivo do crescimento de ervas daninhas do que as plantas mais altas.

Outro estudo referiu que as leguminosas desempenham um papel importante na mistura com gramíneas para facilitar a supressão de ervas daninhas e melhorar a quantidade e a qualidade da forragem, mesmo que tenham uma baixa capacidade de supressão. Outra razão possível para a sua baixa capacidade de supressão pode ser atribuída à sua fraca adaptação ao ambiente conduzido, o que está de acordo com a conclusão de Vander Laan *et al.* (2008), que referiu que as condições ambientais desempenham um papel importante no crescimento e na capacidade de supressão das plantas.

A principal razão para a sua fraca capacidade de supressão pode dever-se à sua suscetibilidade aos compostos alelopáticos libertados pelas raízes e folhas da erva daninha, que resultam no retardamento das actividades das bactérias fixadoras de azoto, segundo Timsina (2007), que observou que uma vasta gama de espécies de plantas era afetada pela inibição alelopática do Parthenium. Do mesmo modo, Strydhorst *et al.* (2008) referiram que a fava (*Vicia faba* L.) tinha uma maior capacidade de fixação de azoto na ausência do que na presença de infestantes.

4.6. Correlação entre os atributos de crescimento e a eficácia da inibição

A análise de correlação mostrou que havia uma forte associação entre os atributos de crescimento e a eficiência de inibição das espécies de pastagem conduzidas. Como indicado na Tabela 4 do Apêndice, bons preditores da capacidade de supressão das espécies testadas foram o acúmulo de biomassa de matéria seca, a altura atingida e o número de perfilhos/galho. Assim, a correlação entre a eficiência de inibição e a acumulação de biomassa com um coeficiente de correlação de ($r = 0,848$), o que indicou que a seleção de pastagens supressivas era melhor através da avaliação da acumulação de biomassa. A correlação existia como um elevado fluxo de recursos para as partes da planta acima do solo que promove o crescimento da planta e aumenta a sua capacidade de supressão contra outras.

No entanto, para manter a sua capacidade, é necessário manter taxas de crescimento elevadas (Akey *et al.* 1990).

Verificou-se uma correlação elevada entre a altura atingida pelas espécies vegetais testadas e a sua eficiência de inibição, com um coeficiente de correlação (r = 0,795) que indica que a altura das plantas é responsável pela supressão das infestantes através do sombreamento. O resultado atual está de acordo com as conclusões de Garrity *et al.* (1992), que referiram que a altura da planta é o carácter mais significativo que se correlaciona negativamente (r = 0,77 a 0,88) com a biomassa das infestantes. Além disso, Weiher *et al.* (1999) sugeriram que a altura da planta é um bom indicador da capacidade de supressão das plantas. Do mesmo modo, Lemerle *et al.* (2001) revelaram que existia uma correlação positiva entre a altura das plantas e a capacidade competitiva das plantas. No entanto, Murphy *et al.* (2008) referiram que a altura das plantas estava negativamente correlacionada com a biomassa de ervas daninhas em 63 cultivares de trigo testadas. Outro investigador referiu que a altura da planta é um bom indicador da capacidade de supressão num ambiente em que a luz é mais importante do que a humidade e os nutrientes do solo (Jamal *et al.* 2010).

Da mesma forma, foi observada uma correlação entre a eficiência de inibição e a produção de perfilhos com um coeficiente de correlação (r = 0,549). O resultado indicou que o papel do número de perfilhos na supressão do crescimento de ervas daninhas. Portanto, o resultado está de acordo com Pimentel (1990), que relatou que a maior capacidade de perfilhamento e/ou ramificação das plantas aumenta a capacidade de intercetação da luz e de absorção de outros recursos. Mas, Kruepl *et al.* (2006) relataram que o estágio de perfilhamento da planta não deve ser prolongado se a capacidade de supressão não diminuir, porque o prolongamento do perfilhamento desvia o fluxo de fotossíntese do alcance da altura da planta, que é um fator importante na supressão do crescimento de plantas vizinhas.

Houve uma correlação entre a área foliar e a eficiência de inibição (r = 0,413). Lemerle *et al.* (1996) relataram que o comprimento e a área foliar das plantas estão associados à sua capacidade competitiva. Em muitas culturas, a largura das folhas das plântulas foi fortemente correlacionada com o vigor inicial (Lopez-Castaneda e Richards, 1996). Para além disso, a área foliar das espécies vegetais foi um dos bons indicadores da capacidade de supressão de outras plantas (Walk *et al.* 1999). Além disso, Davis *et al.* (2004) sugeriram que a expansão precoce das folhas e a formação de uma copa densa poderiam aumentar a capacidade de supressão contra o crescimento de plantas vizinhas. Ele confirmou que a rápida obtenção de biomassa de rebentos era um fator de previsão da sua capacidade de supressão.

Em geral, as espécies tinham atributos de rápido estabelecimento, elevada produção de biomassa e rápido desenvolvimento da copa. Pensa-se que estas características de crescimento desempenham um papel importante na capacidade de supressão das plantas, pelo que estas são capazes de sombrear e suprimir o crescimento de ervas daninhas. A descoberta estava de acordo com a de Bowen *et al.*, (2007) que descobriu que duas gramíneas nativas eram capazes de deslocar o Parthenium no campo. Como mencionado anteriormente, as espécies de plantas introduzidas testadas eram conhecidas por germinar e crescer rapidamente. Por conseguinte, os produtores devem tê-las selecionado porque produzem boa biomassa. Essas plantas foram capazes de sombrear o Parthenium na fase inicial de crescimento, resultando na supressão do crescimento e na produção de menor biomassa de rebentos.

CAPÍTULO 5

5. RESUMO, CONCLUSÕES E RECOMENDAÇÕES

5.1. Resumo

A experiência foi conduzida usando cinco espécies de plantas de pastagem de teste em condições de campo para investigar as espécies que podem competitivamente deslocar a erva daninha Parthenium. Três espécies de plantas de pastagem; *C. ciliaris*, *C. gayana* e *P. coloratum* da estufa anterior e as duas espécies de leguminosas; *D. intortum* e *L. purpureus* foram utilizadas como espécies de plantas de pastagem competentes. O estudo confirmou que havia uma série de espécies capazes de suprimir o crescimento de ervas daninhas através da redução da biomassa de rebentos de ervas daninhas, da altura atingida, do número de ramos e da sua área foliar em quantidade significativa

Entre elas, *C. ciliaris*, *C. gayana* e *P. coloratum* foram classificadas como fortes em termos de capacidades supressivas, o que resultou numa eficiência de inibição superior a 50% (59, 68 e 73%) e isto foi conseguido através de uma elevada produção de biomassa (320,6, 349,1 e 333 g/parcela), respetivamente. No entanto, *D. intortum* e *L. purpureus* apresentaram uma eficiência de inibição inferior a 50% (36 e 47%) e uma produção de biomassa inferior (248,6 e 343,9 g/parcela). As espécies que apresentaram os valores mais elevados do coeficiente de aglomeração relativa (CCR) e um índice de agressividade positivo foram as que produziram uma grande quantidade de forragem palatável, o que é desejável para plantas de pastagem em situações de pastoreio em que o Parthenium constitui um problema.

Em geral, as espécies de pastagem com atributos de estabelecimento rápido, crescimento mais rápido, alta produção de biomassa e desenvolvimento de copa desempenharam um papel importante na capacidade competitiva, como resultado, foram capazes de sombrear e suprimir o crescimento da erva daninha parthenium. Isto indicou que a sementeira de tais espécies de pastagem com maior densidade do que a erva daninha existente pode reduzir as perdas impostas pelo parthenium em terras pastoris e agro-pastoris. Além disso, as espécies de pastagem foram capazes de extrair a água e os nutrientes do solo de forma mais eficiente e rápida do que o Parthenium.

Além disso, a capacidade de deslocação das espécies autóctones pode dever-se a uma melhor adaptação às condições ambientais. Muitos investigadores sugeriram que a maioria das gramíneas autóctones tinha uma boa capacidade de perfilhamento e um padrão de crescimento rápido, produzindo um sistema radicular extenso e uma copa de folhas muito cedo após a emergência do solo. As espécies de plantas também são úteis para deslocar o Parthenium e, por conseguinte, são uma parte útil do plano de gestão integrada para o controlo do Parthenium em regiões infestadas do país.

Os valores do índice de agressividade e do coeficiente de aglomeração relativa obtidos no estudo ajudariam a determinar a supressão do crescimento do Parthenium pelas espécies de plantas de ensaio nos campos onde se encontra a infestação de ervas daninhas. O resultado indicou que o Parthenium é um concorrente fraco, como evidenciado pelo facto de não ter conseguido estabelecer-se em áreas onde havia plantas de pastagem dominantes com uma copa próxima e compacta. O estudo confirmou que as espécies de plantas de ensaio desejáveis são aquelas capazes de suprimir o crescimento das ervas daninhas e produzir relativamente uma biomassa de matéria seca mais elevada para fins forrageiros em várias condições climáticas, adaptando-se a uma vasta gama de tipos de solo. A forte capacidade de supressão das espécies de plantas em diferentes condições ambientais indica que podem ser utilizadas como ferramenta para a gestão do Parthenium para minimizar as perdas para as terras pastoris, a fim de conter a sua propagação. Por conseguinte, a seleção de espécies de plantas para o ensaio utilizando a seleção em estufa provou que as três espécies de plantas eram aceitáveis. As que foram seleccionadas com base na capacidade de supressão em estufa foram capazes de exibir uma boa capacidade de supressão no campo.

5.2. Conclusões

Os resultados revelaram que uma série de espécies de plantas benéficas (gramíneas e leguminosas) podem suprimir o crescimento do Parthenium e produzir uma quantidade suficiente de forragem para as necessidades alimentares do gado, de modo a manter a produção animal. O estudo mostrou que as espécies autóctones foram mais suprimidas do que as introduzidas. Indicou que, em circunstâncias normais, desde que as pastagens não estejam severamente sobrepastoreadas, a erva daninha Parthenium não pode causar danos graves, mas uma vez que ocorreu uma lacuna relativamente grande na pastagem, a erva daninha emergiu como dominante e o seu impacto pode ser grave. Outra caraterística observada foi que, na presença de biótipos altos, relativamente mais ramificados, com maior área foliar e tipo de produção de biomassa, são dotados de uma capacidade potencial para competir com o Parthenium.

As variações nas capacidades de supressão podem dever-se às diferenças nas características de crescimento das espécies de plantas de pastagem, à emergência rápida e/ou lenta das plântulas, ao crescimento rápido, à maior ou menor interceção da luz, à adaptação às condições ambientais em que crescem e à diferença na eficiência de extração da água e dos nutrientes do solo através de um sistema radicular maior. Do mesmo modo, o atraso na emergência pode dever-se à necessidade de pós-maturação para reduzir o nível de dormência ou de humidade suficiente para iniciar a germinação. Além disso, a tendência de as sementes de infestantes demorarem muito tempo a emergir do solo enterrado no campo, apesar de receberem água suficiente, e o vigor físico das plantas desempenham um papel importante na supressão.

5.3. Recomendações

Portanto, com base nos resultados obtidos no estudo, foram sugeridas as seguintes breves lacunas de investigação para a gestão biológica da erva daninha parthenium. A experiência foi conduzida até agora para verificar as capacidades de supressão de espécies seleccionadas de plantas de pastagem contra o crescimento da erva daninha parthenium, pelo que é importante verificar se isso acontece em diversas agro-ecologias em diferentes estações (seca e húmida). Foi testado apenas num número limitado ou reduzido de espécies de pastagem, pelo que é necessário procurar espécies de pastagem mais supressivas, de preferência nativas da Etiópia, com a mistura de diferentes tipos (gramíneas e leguminosas).

As capacidades de supressão das espécies de pastagem foram comparadas, tendo sido dada uma ênfase significativa à biomassa dos rebentos, à altura, ao número de perfilhos/ramos e à área foliar. Por conseguinte, é importante procurar outros atributos de crescimento, como o número de folhas e sementes, a forma e o tamanho da planta, a altura e a biomassa da raiz, a forma das folhas, a cor da flor, o ciclo de vida da planta e as características de crescimento que contribuem mais para a capacidade de supressão das espécies de pastagem. Recomenda-se que a análise da interação desta abordagem competitiva com outros agentes de controlo biológico, como os insectos e os fungos, e os seus impactos na biodiversidade nativa dos ecossistemas de pastagem, seja importante para a rápida deslocação da erva daninha.

CAPÍTULO 6

6. REFERÊNCIAS

Adkins, S.W., Navie, S.C. e K. Dhileepan, 1997. Erva daninha Parthenium na Austrália: Research Underway at the Co-operative Research Centre for Tropical Pest Management. In *Proceeding of first International Conference on Parthenium Weed Management*. M. Mahadevappa e V.C. Patil (*eds.*). Universidade de Ciências Agrícolas, Darwad, 6-8 de outubro de 1997, p. 176-178.

Aertes, R., Boot, R.G.A. e P.J.M. Van der Aart, 1991. The relation between above, belowground biomass allocation patterns, and competitive ability. Oecologia 87: 551-559.

Agarwal, K.K. e D'Souza, M. (2009). Dermatite de contacto transmitida pelo ar induzida por parthenium: um estudo de 50 casos no Sul da Índia. Clinical and Experimental Dermatology 34: 4-6.

Aggarwal, A.; R.K. Kohli, 1992. Seleção de culturas para germinação de sementes contra lixiviados *de Parthenium hysterophorus* L. *In*: Tauro, P.; Narwal, S.S. (*eds*) Proceedings of the 1st National Symposium on Allelopathy in Agroecosystems, Hisar, India, February 1992. Hisar; Universidade Agrícola de Haryana, pp. 66-68.

Ahmed Bashir, 2003. Condição do solo e cobertura vegetal em pastagens afectadas pelo homem no Estado Regional Somali de Jijiga. Dissertação de Mestrado apresentada à Escola de Estudos Graduados da Universidade de Alemaya, Etiópia. 108p.

Ahmed M.N., Rao P.R e M. Mahender, 1988. Introdução experimental de toxicidade aguda em vitelos Buffallo através da alimentação com *Parthenium hysterophorus* L.*Indian J. Ani. Sci.* 58 731-734.

Ahmed, W.B., Ihsan, T.B. e J.A. Rehman, 2003. Ocorrência natural do tobacco streak virus no algodão no Paquistão e rastreio das suas fontes resistentes. *Jornal* paquistanês *de botânica* 35: 401-408

Akey, W.C., Durik, T.W. e J. Dekker, 1990. Competição por luz entre a folha de veludo (*Abuthilon theofrosti*) e a soja (*Glycine max*). *Weed Research* 30: 403-411.

Amaha Kassahun, 2003. Pastoralism and the need for the future intervention in pastoral areas of Ethiopia. Annual Review on National Dry Land Agriculture Research System, Addis Ababa, Etiópia.

Ang, B.N., L.T. Kok, G.I. Holtzman e D.D. Wolf, 1995. Resposta do cardo do Canadá (*Cirsium arvense* L. Scop) à densidade de *Cassida rubiginosa* Muller (*Coleoptera chrysomelidae*) e à competição entre plantas. *Biological Control* 5: 31-38.

Anjum, T., R. Bajwa e A. Javed, 2005. Controlo biológico de Parthenium: Effect of *Imperata cylindrica* on distribution, germination and seedling growth of *Parthenium hysterophorus* L. *International Journal of Agriculture and Biology* 7: 448-450.

Anónimo, 2000. Ervas daninhas de importância nacional. Planta daninha Parthenium (*Parthenium hysterophorus* L.). Plano Estratégico. *Comité Executivo da Estratégia Nacional de Ervas Daninhas*, Launceston. p. 19.

Anónimo, 2003. Impact Assesment-Parthenium Weed, Department of Natural Resources and Mines State of Queensland, Brisbane p. 1-3.

Asresie Hassen, Lisanework Nigatu e Sharma J.J., 2008. Impactos do Parthenium na Vegetação Herbácea e na Flora do Banco de Sementes do Solo em Campos de Sorgum no Nordeste da Etiópia. *Ethiop. J. Weed Manag.* 2, 1-11

Ayala, J.R., Cruz, A.M. e Miranda, Z. (1994). Efeitos do extrato aquoso de *Canavalia ensiformis*, *Bursera graveolens*, *Petiveria alliacea* e *Parthenium hysterophorus* na germinação do sorgo. *Revista Cubana de Ciências Agrárias* 28: 371-373.

Bais, H.P., Park, S.W., Weir, T.L., Callaway e J.M. Vivanco, 2004. Como as plantas comunicam usando a autoestrada subterrânea da informação. Trends in Plant Science 9:26-32.

Batish, D.R., H.P. Singh, R.K. Kohli, V. Johar e S. Yadav, 2004. A gestão de ervas daninhas exóticas invasoras requer a participação da comunidade. *Weed Technology* 18: 1445-1448.

Bhan, V.M, S. Kumar e M.S Raghuwanshi, 1997. Estratégias futuras para uma gestão eficaz do parthenium. pp. 90-95. Mahadevappa M. e V.C Patill (eds). *Procedimentos da Primeira Conferência Internacional sobre Gestão do Parthenium*. 6-8 de outubro de 1997, Universidade de Ciências Agrícolas. Dahrwad, Karnataka, Índia.

Bhatt, B.P.; Chauhan, D.S. e N.P.Todaria, 1994. Efeito de lixiviados de ervas daninhas na germinação e extensão da radícula de algumas culturas alimentares. *Indian Journal of Plant Physiology* 37, 177-179.

Bhowmik, P.C. e D. Sarkar, 2005. *Parthenium hysterophorus* L. Its world status and potential management. *In Proceedings of the Second International Conference on Parthenium Management (eds)*. T.V.R. Prasad, H.V. Nanjappa, R. Devendra, A. Manjunath, Subramanya, S.C. Chandrashekar, V.K.K. Kumar, K.A. Jayaram e T.K.P. Setty, p.1-5. Universidade de Ciências Agrícolas de Bangalore, Índia 5-7 de dezembro de 2005.

Blackmore, P. (2005). Porquê declarar? "O papel do governo na gestão de ervas daninhas". In *Proceedings of the 13th Biennial New South Wales Noxious Weeds Conference*, Orange, New South Wales, 1922 de setembro de 2005.

Bowen, D., Ji.J. e S.W. Adkins, 2007. Gestão da erva daninha Parthenium através da deslocação competitiva com plantas benéficas: Um estudo de campo. Um relatório para o Comité Murray Darling de Queensland, Universidade de Queensland, Brisbane, Austrália. p. 16.

Boyoucous, G.J., 1962. Método do hidrómetro melhorado para fazer análises granulométricas de solos. *Agronomy Journal*, 54: 463-465.

Bussan, A.J., O.C. Burnside, J.H. Orf e K.J. Puettmann, 1997. Avaliação de campo de genótipos de soja (*Glycine max*) quanto à competitividade de ervas daninhas. Weed Sci. 45:31-37.

CAB International, 2007. Parthenium Fact Sheet. Compêndio de Proteção das Culturas, edição de 2007. CAB International, Wallingford, Reino Unido.

Channappagoudar, B.B.; Panchal, Y.C.; Manjunath, S.; R.V. Koti, 1990. Estudos sobre a influência do parthenium no crescimento do sorgo em condições de irrigação. *Farming Systems* 6, 102-104.

Chapman, H.D., 1965. Capacidade de troca catiónica. In: C.A. Black, L.E. Ensminger e F.E Clark (eds). Methods of soil analysis. *Sociedade Americana de Agronomia.* 9: 891-901.

Chiapuso, G., Sanchez, A.M., Reigosa, M.J., Gonzaiez, L. e F. Pellissier, 1997. Os índices de germinação reflectem adequadamente os efeitos aleloquímicos no processo de germinação? *J. Chem. Ecol.*, 23(11): 2445- 2453.

Cordero, M. 1983. *Parthenium hysterophorus* (escoba amarga), planta indeseable, reservorio natural de los virus X y Y de la papa. *Ciencia Tecnica en la Agricultura* 2, 23-32. [em espanhol].

CSA (Autoridade Estatística Central), 2013. Relatórios sobre as características socioeconómicas da população em agregados familiares agrícolas, área de uso da terra e produção de culturas, práticas de gestão agrícola, gado e implementos agrícolas. Adis Abeba, Etiópia. 615p.

Davies, D.K.H., Hoad, S.P., Maskell, P.R. e K. Topp, 2004. Analisar as variedades de cereais para ajudar a reduzir as entradas de controlo de ervas daninhas. Em Proceedings Crop Protection Northern Britain, Penicuik, p. 159163.

Dayama, D.P., 1986 Potencial alelopático de *Parthenium hysterophorus* Linn. No crescimento, nodulação e teor de azoto de *Leucaena leucocephala. Relatórios de Investigação de Leucaena* 7, 36-37.

Dewit, C.T., 1960. Sobre a concorrência. Verslagen and Landboukundige onderzoekingen. Países *Baixos*. 66:1-83.

Dhileepan, K., 2009. Gestão da erva daninha Parthenium em diversas paisagens: perspectivas e limitações. Em: Inderjit (eds.). Management of Invasive weeds, Springer, Holanda, 5: 227-259.

Dhileepan, K., Setter, S.D. e R.E. McFadyen, 2000a. Impactos da desfoliação pelo agente de biocontrolo ygogramma bicolorata na erva daninha *Parthenium hysterophorus* L. na Austrália.

BioControl 45: 501-512.
Dhileepan, K., Setter, S.D. e R.E. McFadyen, 2000b. Resposta da erva daninha *Parthenium hysterophorus* (Asteraceae) à desfoliação pelo agente de biocontrolo introduzido *Zygogramma bicolorata* (Coleoptera: Chrysomelidae). Controlo Biológico 19: 9-16.
EARO (Organização de Investigação Agrícola da Etiópia), 2003. Planeamento Estratégico Nacional de Investigação em Terras Secas Programa de Investigação Pastoral e Agro-pastoril. Addis Abeba, Etiópia. 60p.
Evans, H.C. 1995. Relações entre agentes patogénicos e ervas daninhas: a prática e os problemas do rastreio da gama de hospedeiros. *In*: Delfosse, E; R. Scott, (*eds*) Proceedings of the 8th International Symposium on Biological Control of Weeds, Canterbury, New Zealand, Feb 1992. Melbourne, Austrália; DSIR/CSIRO, pp. 539551.
Frew, M., Solomon, K. e Mashilla, D. (1996). Prevalência e distribuição de Parthenium hysterophorus L. no leste da Etiópia. Arem 1: 19-26
Friedel, M. H., W.A. Laycock e G. N. Basin, 2000. Assessing rangeland condition and trend. pp. 227-261. In: L.T. Mannetje e R.M. Jones (eds.). Filed Laboratory Methods for Grassland and Animal Production Research. CABI, REINO UNIDO.
Fujiyoshi, P.T., S.R. Gliessman e J.H. Langenheim, 2007. Factores na supressão de ervas daninhas por abóbora inter plantada em milho. *Weed Biology and Management* 7: 105-114.
Galloway, L.F., 2002. O efeito da fenologia materna sobre os caracteres da prole na planta herbácea Campanula Americana.*J. Ecol.*, 90: 851-858.
Groves, R.H., 1986. Invasões de plantas na Austrália: An Overview. Ecology of Biological Invasions. R.H. Groves e J.J. Burdon, (eds.). Cambridge University Press, Cambridge.
Gupta, O.P e J.J Sharma, 1977. Ameaça de Parthenium na Índia e possíveis medidas de controlo. FAO, Boletim de Proteção das Plantas, 25: 112-117.
Gupta, S. e S. Chanda, 1991. Aerobiologia e alguns parâmetros químicos do pólen de *Parthenium hysterophorous* L. *Grana,* 30: 497-503.
Henderson, L. 2001. Alien Weeds and Invasive Plants (Ervas daninhas exóticas e plantas invasoras). Instituto de Pesquisa de Proteção de Plantas, Manual No. 12. Conselho de Investigação Agrícola, Pretória.
Holechek, J.L., R.L. Pieper e C.H. Herbel, 1998. Range Management, Principles, and Practices. 3rd edition.Prentice Hall, USA. 587p.
Holman, D.J., 1981. A erva daninha Parthenium ameaça Bowen Shires. *Queensland Agricultural Journal* 107: 57-60.
IPWN (Rede Internacional de Ervas Daninhas Parthenium), 2010. Mapa de Distribuição Mundial de Plantas Daninhas de Parthenium, Unidade de Pesquisa de Plantas Daninhas Tropicais e Subtropicais. S.C. Navie, A. Shabbir e S.W. Adkins (eds.). Universidade de Queensland, Brisbane, p. 9.
Jackson, M.L. 1958. Soil chemical analysis. Prentice Hall, Inc., Englewood cliffs, New Jersy. 183-204 pp.
Jayakumar, R.; Kempuchetty, N. e S. Subramanian, 1989. Efeito alelopático de *Cassia sericea* em *Parthenium hysterophorus*. *Madras Agricultural Journal* 76, 645-647.
Joshi, S., 1991. Controlo biológico de *Parthenium hysterophorus* L. (Asteraceae) por *Cassia uniflora* Mill (Leguminosae), em Bangalore, Índia. *Tropical Pest Management* 37, 182-184.
Kanchan, S. e Jayachandra. 1981. Effects of *Parthenium hysterophorus* on nitrogen-fixing and nitrifying bacteria. *Canadian Journal of Botany* 59, 199-202.
Kassahun Zewdie, Olani Nikus e Tefera Assamenew, 1999. Avaliação de herbicidas de pré-emergência para o controlo de *Parthenium hysterophorus* em sorgo. Arem, 5:130-137.
Knox, J., Jaggi, D. e M.S. Pau, 2010. Avaliação do potencial alelopático de espécies vegetais seleccionadas em *Parthenium hysterophorus* L. *Egyptian Journal of Biology* 12: 57-64.
Kohli, K.R., K.S., Dogra, R.B. Daizy e R.B. Singh, 2004. Impacto das plantas invasoras na estrutura e composição da vegetação natural do noroeste da Índia, Himalaias. *Weed Technology,* 18: p.

1296-1300.

Louda, S.M., 1989. Predation in the dynamics of soil seed regeneration. pp. 25-51. in M.A. Leck, V.T. Parker and R.L. Simpson (eds.), ecology of soil seed banks. Imprensa académica, San Diego, CA.

Mahadevappa, M. 1997. Ecologia, distribuição, ameaça e gestão do parthenium. pp. 1-12. In: M. mahadevappa e V.C Patil (eds) Actas da Primeira Conferência Internacional sobre Gestão do Parthenium. 6-8 de outubro de 1997, Universidade de Ciências Agrícolas de Dahrwad, Karnataka, Índia.

Mahadevappa, M. e H. Ramaiah, 1988. Padrão de substituição de plantas *de Parthenium hysterophorus* por *Cassia sericea em* terrenos baldios. *Indian Journal of Weed Science* 20, 83-85.

McConnachie, A.J., Strathie, L.W., Mersie, W., Gebrehiwot, L., Zewdie, K., Abdurehim, A., Abrha, B., Araya, T., Asaregew, F., Assefa, F., Gebre-Tsadik, R., Nigatu, L., Tadesse, B. e T. Tamado, 2011. Distribuição geográfica atual e potencial da planta invasora *Parthenium hysterophorus* (Asteraceae) na África Oriental e Austral. *Pesquisa de Ervas Daninhas* 51: 71-84.

McFadyen, R.E. 1984. O programa de controlo biológico contra *Parthenium hysterophorus* em Queensland. In Proceedings of the Sixth International Symposium on the Biological Control of Weeds, ed. E.S. Delfosse, p. 789-796. E.S. Delfosse, p. 789-796. Agriculture Canada, Vancouver, 19-25 de agosto de 1984.

McFadyen, R.E., 1992. Controlo biológico contra as ervas daninhas do parthenium na Austrália. *Proteção das culturas* 11: 400-407.

McFadyen, R.E., 1995. A erva daninha Parthenium e a saúde humana em Queensland. *Australian Family Physician* 24: 1455-1458.

McGilchrist, C.A. e B.R. Trenbath, 1971. A revised analysis of plant competition experiments. *Biometrics*, 27:659-679.

Mersie, W. e M. Singh, 1988. Efeitos dos ácidos fenólicos e dos extractos de Parthenium *hysterophorus* L. no crescimento, nutrientes e teor de clorofila do tomate (*Lycopersicon esculentum* Mill.). *Ciência das ervas daninhas* 36: 278-281.

Mishra, J.; Pandey, A.K.; Rajak, R.C.; S.K. Hasija, 1994. Microbial management of *Parthenium hysterophorus* L. Host specificity of *Sclerotium rolfsii* Sacc. *National Academy Science Letters, Índia 17,* 169-173.

Mónaco, J. Thomas, S. C. Weller e F. M. Ashton, 2001. Biologia e ecologia das infestantes. pp. 13-31. In: Ciência das infestantes. Principles and practices 4th ed. Editora Académica, EUA.

Mounmorgan, 2006. Gestão do Parthenium. Obtido em novembro de 2006 16:21:28 GMT. da Internet: http://www.Mountmorgan.Com/parthenium him/.

Naithani, H.B., 1987. *Parthenium hysterophorus* - uma erva daninha perniciosa em Arunachal Pradesh e Nagaland. *Indian Forester* 113, 709-710.

Narasimhan, T.R.; Ananth, M.; Narayana Swamy, M.; Rajendra Babu, M.; Mangala, A.; P.V. Subba Rao, 1977. Toxicidade de *Parthenium hysterophorus* L. *Current Science* 46, 15-16.

Navie, S.C.; McFadyen, R.E.; Panetta, F.D. e S.W. Adkins, 1996. The biology of Australian weeds 27. *Parthenium hysterophorus* L. *Plant Protection Quarterly* 11, 76-88.

Navie, S.C., Panetta, McFadyen, R.E. e S.W. Adkins, 1998. Comportamento de sementes enterradas e semeadas à superfície de Parthenium hysterophorus L. Weed Research 38: 335-341.

Neeam Khan, A.U., 2011. Gestão sustentável e de longo prazo da erva daninha Parthenium (*Parthenium hysterophorus* L.) usando plantas supressoras de pastagens. Tese apresentada para obtenção do grau de Doutor em Filosofia, Escola de Agricultura e Ciências Alimentares, Universidade de Queensland em 2011.

Nguyen, T., S. Navie, C. O'Donnell, e S.W. Adkins, 2010. Biologia das ervas daninhas do parthenium (*Parthenium hysterophorus* L.). *Dados não publicados*, Universidade de Queensland, Brisbane, Austrália.

Nigatu, L., Hassen, A., Sharma, J. e S.W. Adkins, 2010. Impacto de *Parthenium hysterophorus* nas

comunidades de terras de pastagem no nordeste da Etiópia. Weed Biology and Management 10: 143-152.
Njoroge, J.M., 1986. Novas ervas daninhas no café do Quénia. *A Short Communication,* 51: 333-335.
O'Donnell, C. e S.W. Adkins, 2005. Gestão de infestantes parthenium através da deslocação competitiva com plantas benéficas. Weed Biology and Management 5: 77-79.
Olsen, J., L. Kristensen e J. Weiner, 2006. Influência da densidade de sementeira e do padrão espacial do trigo de primavera (*Triticum aestivum*) na supressão de diferentes espécies de infestantes. Weed biol. Mgt. 6:165173.
Olsen, S.R., F.S. Cole, e L.A. Dean, 1954. Estimativa do fósforo disponível nos solos por extração com bicarbonato de sódio. USDA Circ. No. 939, Washington DC.
Pandey, A.K.; Luka, B.M.; Hasija, S.K. e R.C Rajak, 1992. Avaliação de *Myrothecium roridum* para a gestão de *Parthenium hysterophorus*: estudos da taxa de inóculo. *Actas da Academia Nacional de Ciências, Índia* 62, 449-453.
Parker, A., Holden, A.N.G. e A.J. Tomley, 1994. Testes de especificidade do hospedeiro e avaliação da ferrugem, *Puccinia abrupta* Var. partheniicola, como agente de controlo biológico da erva parthenium (*Parthenium hysterophorous* L.). Patologia Vegetal 43: 1-16.
Parsons, W.T. e E.G. Cuthbertson, 1992. Noxious weeds in Australia (Ervas daninhas nocivas na Austrália). Melbourne, Austrália; Inkata Press, 692 pp.
Penfield, S., I. Graham e K. Halliday, 2007. Controlo da dormência e germinação de sementes por sinais ambientais. Comp. Biochem. Physiol. Parte A: Mol. Integ. Physiol., 146 (Suplemento 1): p. 274.
Rajkumar, E.D.M.; Kumar, N.V.N.; Haran, N.V.H.; Morthy, N.V.A.; N.V.S Ram, 1988. Efeito antagonista do *Parthenium hysterophorus* na succinato desidrogenase do fígado de ovelha. *Journal of Environmental Biology* 9, 231-237.
Rejmanek, M., Robinson, G.R. e E. Rejmankova, 1989. Competição entre ervas daninhas e culturas: desenhos experimentais e modelos para análise de dados. *Ciência das infestantes* 37: 276-284.
Rezene Fessehayie, Meckasha Chichaybelu e Mengistu Hailegiorgis, 2005. Propagação e consequências ecológicas de *Parthenium hysterophorus,* na Etiópia. *Arem,* 6: 11-23.
Rice, E.L., 1974. Allelopathy. Nova Iorque; Academic Press.
Sahlemedhin Sertsu e Taye Bekele, 2000. Procedimentos para a análise do solo e das plantas. Centro Nacional de Investigação do Solo, Organização de Investigação Agrícola da Etiópia.
SAS (Statistical Analysis System Insitute), 2000. Guia do utilizador SAS/STAT: Statistics Version 8, Statistical Analysis System Insitute. Inc., NC. Carolina do Norte, EUA.
SERP (South Eastern Rangelands Development Project), 1995. *Parthenium hysterophorus* e outras ervas daninhas em Hararghe Oriental, Etiópia. Relatório técnico do SERP (Projeto). 81p.
Shabbir, A. e R. Bajwa, 2006. Distribuição da erva daninha parthenium (*Parthenium hysterophorus* L.), uma espécie de erva daninha invasora que ameaça a biodiversidade de Islamabad. Weed Biology and Management 6: 89-95
Sharma, B. P. e Pandey, D.S. 1984. Flora exótica de Allahabad. Botanical survey of India. 8p.
Sharma, G. L. e K. K. Bhutani, 1988. Medicamentos anti-amebianos à base de plantas. Parte II. Atividade amebicida da partenina isolada de *Parthenium hysterophorus* L. Planta Medica 54: 20-22.
Sharma, K. K. V. 1985. Efeito do extrato de *Parthenium hysterophorus* L. sobre Rhizobium. Tropical Ecology 26(1):85-86.
Sharman, M., D.M. Persley e J.E. Thomas, 2009. Distribuição na Austrália e transmissão de sementes do Tobacco streak virus em *Parthenium hysterophorus* L. *Plant Disease,* 93: 708-712.
Shashie, Ayele, 2007. O Impacto do Parthenium (*Parthenium hysterophorus L.*) na Dinâmica do Ecossistema de Pastagem de Jijiga, Etiópia. Dissertação de mestrado apresentada à Escola de Estudos Graduados da Universidade de Haramaya, Etiópia.
Shrestha Anil, 2006. Weed seed banks and their role in future weed management. Obtido em 12 de novembro de 2006, da Internet: http://www. weed biology.uckac.edu/PDF/ weed seeded banks

Singh, H.P., Batish, D.R. e R.K. Kohli, 2003. Interacções alelopáticas e aleloquímicos: novas possibilidades para a gestão sustentável das infestantes. Revisão Crítica em Ciências Vegetais 22: 239-311.

Singh, M.P., 1983. Potencial controlo biológico de *Parthenium hysterophorus* L. *Current Science* 52: 644-644.

Singh, S.P. 1993. Gestão integrada do parthenium. Integrated Weed Management for sustainable agriculture. In Proceedings of an Indian Society of Weed Science International Symposium, p. 393-108, Hisar, Índia, 18-20 de novembro de 1993.

Solomon, J., Witt, M. e B. Godley, 2009. Comportamento de mergulho e movimentos de tartarugas-de-pente juvenis e *Eretmochelys imbricata* num recife de coral das Caraíbas. *Coral Reefs*, 28: 55-65.

Sriramarao, P.; P.V. Rao, 1991. Infectividade cruzada alergénica entre alergénios de pólen de parthenium e de tasneira. *International Archives for Allergy Immunology* 100, 74-85.

Strydhorst, S.M., King, J.R., Lopetinsky, K.J. e K.N. Harker, 2008. Interferência de ervas daninhas, espécies de pulso e efeitos da densidade da planta sobre os benefícios da rotação. Ciência das ervas daninhas 56: 249-258.

Suresh, P.V.; Gupta, D.; Behera, D.; S.K. Jindal, 1994. Provocação brônquica com extrato de pólen de *Parthenium* na asma brônquica. *Indian Journal of Chest Diseases and Allied Sciences* 36, 104.

Sylvia Phillips, 1995. A Família Poaceae. Em: Inga Hedberg e Sue Edwards (eds.). Flora of Ethiopia and Eritrea Volume 7 p. 276.

Tamado Tana e P. Milberg, 2000. Weed flora in arable fields of Eastern Ethiopia with emphasis on the occurrence of *Parthenium hysterophorus* L. J. Weed research, 40:507-521.

Tamado Tana e P. Milberg, 2004. Controlo do parthenium (*Parthenium hysterophorus* L.) em sorgo de grão (*Sorghum bicolor* L.) no sistema de agricultura familiar no leste da Etiópia. *Tecnologia das infestantes* 18: 100-105.

Tamado Tana, 2001. Biologia e Gestão de *Parthenium hysterophorus* L. na Etiópia Oriental. Tese de doutoramento apresentada à Escola de Estudos Graduados da Universidade Sueca de Ciências Agrícolas de Uppsala, Suécia, 75p.

Tamado Tana, L. Ohlander e P. Milberg, 2002. Interferência da erva daninha *Parthenium hysterophorus* L no sorgo: influência da densidade da erva daninha e da duração da competição. *International Journal of Pest Management*, 48: 183-188.

Taye Tessema, 2002. Investigação de agentes patogénicos para o controlo biológico de *Parthenium hysterophorus* na Etiópia. Tese de doutoramento apresentada a Humboldt, Universitat Zu Berlian, Landwirts Chaztlich Gartnerrischen Fakultat, Berlia, p. 152.

Taye Tessema, C. Obermeier, G. Einhorn, E. Seemuller e C. Buttner, 2004. Doenças filamentosas da erva daninha parthenium na Etiópia. Pest *Management Journal of Ethiopia*, 8: 83-95.

Timsina, B., 2007. Impact of *Parthenium hysterophorus* L. invasion on soil and plant species composition of grasslands of central Nepal. Dissertação de Mestrado, Departamento Central de Botânica, Universidade de Tribhuvan, Katmandu, Nepal.

Tiwari, S., Adhikari, B., Siwakoti, M. e Subedi, K. 2005. An Inventory and Assessment of Invasive Alien Plant Species of Nepal (Inventário e avaliação de espécies de plantas exóticas invasoras do Nepal). IUCN - The World Conservation Union, Nepal. 115p.

Towers, G.H.N.; Subba e P.V. Rao, 1992. Impactos da erva daninha pan-tropical, *Parthenium hysterophorus* L., nos assuntos humanos. *In*: Richardson, R.G. (*ed*) Proceedings of the 1st International Weed Control Congress, Melbourne, Australia. Melbourne; Weed Science Society of Victoria, pp. 134-138.

Tudor, G.D., A.C. Ford, T.R, Armstrong e E.K Bramage, 1982. Taints in meat from sheep grazing *Parthenium hysterophorus* L. Australian Journal of Experimental Agriculture and Animal husbandry, 22:43-46.

Van Reeuwijk, L.P. Procedure for Soil Analysis 3rd Edition. 1992. Centro Internacional de Referência e Informação sobre Solos de Wageningen (ISRIC). Países Baixos. A J. Wageningen P.O. Box 375 6700.

Vander Laan, M., C.F. Reinhardt, R.G. Belz, W.F. Truter, L.C. Foxcroft e K. Hurle, 2008. Potencial de interferência das gramíneas perenes *Eragrostis curvula*, *Panicum maximum* e *Digitaria eriantha* com *Parthenium hysterophorus*. *Tropical Grassland,* 42: 88-95.

Vogler, W.D., Navie, S.C. e S.W. Adkins, 2006. Utilização do fogo para controlar a erva daninha parthenium. Um relatório para a Rural Industries Research and Development Corporation, Governo australiano, p.42.

Walker, S., V. Osten, G. Robinson e H. Wu, 2008. Efeitos competitivos de cultivares e densidades de sorgo na supressão de ervas daninhas. *Em* Proc Australian Weeds Conference. (Queensland Weed Society).16th Centro de Convenções de Cairns, Norte de Queensland, Austrália. p. 483-486.

Walkley, A. e C.A. Black, 1980. An examination of different methods for determining soil organic matter and the proposed modification by the chromic acid titration method. *Soil Sci.* 37: 29-38.

Wise, R.M., W.B. Van Wilgen, D. Tweddle, A. Chabi-Olay e G.H. Zimmeran, 2007. O impacto económico e a gestão adequada de espécies exóticas invasoras seleccionadas no Continente Africano. Relatório CSIR, Pretória, África do Sul, p. 56.

Yaduraju, N.T., Sushilkumar, M.B. Prasad e B. Babu, 2008. Distribuição, problema e estratégias de gestão de *Parthenium hysterophorus* L. na Índia. In *Proceedings of the 2nd International Conference on Parthenium Management*, (eds.). T.V.R. Prasad, H.V. Nanjappa, R. Devendra, A. Manjunath, Subramanya, S.C. Chandrashekar, V.K.K. Kumar, K.A. Jayaram e T.K.P. Setty, Bangalore, Índia, 5-7 de dezembro de 2005 p. 127-333.

Yates, C.J., D.A. Norton e R.J. Hobbs, 2000. Efeitos do pastoreio na cobertura vegetal, solo e microclima em florestas fragmentadas no sudoeste da Austrália: implicações para a restauração. Austral Ecology, 25: 36-47

Zelalem Bekeko, Temam Hussien e Taye Tessema, 2012. Distribuição, incidência, gravidade e efeito da ferrugem (*Puccinia abruptavar partheniicola*) em *Parthenium hysterophorus* L. na zona ocidental de Hararghe, Etiópia. *African Journal of Plant Science vol.* 6(13), pp. 337-345, outubro de 2012.

Zerner, M.C., G.S. Gill e R.K. Vandeleur, 2008. Efeito da altura na capacidade competitiva do trigo com a aveia. *Agron. J.* 100:1729-1734.

CAPÍTULO 7

7. APÊNDICES

Apêndice Tabela 1. Dados meteorológicos mensais do sítio experimental durante o ano da experiência (2012)

Month		Jan	Feb	Mar	Apr	May	Jun	Jul	Aug	Sep	Oct	Nov	Dec
R.F. (cm^3)		14.8	31.2	34.4	52.5	11.5	21.3	55.7	108.2	49.2	6.6	3.3	6.6
Tem (^oc)	Max.	28.3	29.4	31.7	32.2	33.9	35.6	32.2	31.1	32.8	33.3	31.7	28.9
	Min.	15.6	15.5	18.9	19.4	20	21.1	18.9	17.8	18.3	17.8	15.6	16.1

Source; Dire-Dawa Meteorological Station, 2012

Apêndice Quadro 2. Potencial de produção dos atributos de crescimento do Parthenium cultivado em combinação com espécies de pastagem de ensaio

Species mixture	Density (%)	Growth attributes			
		Height (cm)	Tiller/Branch (no.)	Leaf Area (cm^{2})	DMB (g/plant)
C. ciliaris: P. hysterophorus	25:75	126.57±4.1^{b}	6.68±0.3^{a}	30.93±0.9^{a}	74.7±0.09^{bc}
	50:50	89.67±2.1^{c}	5.94±0.4^{b}	25.93±1.6^{b}	99.4±0.39^{de}
	75:25	82.47±3.5^{cd}	5.15±0.5^{bc}	24.78±0.9^{bc}	110.7±0.49^{ef}
	100:0	82.06±3.5^{b}	3.45±0.4^{b}	17.95±0.9^{b}	255.92±6.24^{b}
C. gayana: P. hysterophorus	25:75	115.38±7.9^{ab}	6.39±0.4^{ab}	30.62±1.2^{a}	71.8±0.32^{bc}
	50:50	84.95±3.5^{c}	5.53±0.24^{b}	27.76±1.2^{ab}	89.3±0.46^{e}
	75:25	76.81±2.2^{d}	4.40±0.3^{c}	23.45±1.2^{bc}	87.6±0.26^{f}
	100:0	88.49±2.2^{ab}	3.75±0.3^{ab}	17.33±1.2^{b}	349.07±9.86^{ab}
D. intortum: P. hysterophorus	25:75	122.96±3.5^{ab}	6.65±0.24^{a}	30.28±0.9^{a}	83.1±0.12^{ab}
	50:50	107.82±2.2^{bc}	6.50±0.3^{a}	28.25±0.9^{ab}	146.2±0.22^{bc}
	75:25	98.96±2.9^{b}	6.18±0.3^{ab}	27.75±0.9^{ab}	176.4±0.43^{d}
	100:0	37.6 ± 2.9^{d}	1.9±0.3^{c}	11.15±0.9^{bc}	238.59±3.29^{bc}
L. purpureus: P. hysterophorus	25:75	118.59±2.2^{ab}	6.77±0.3^{a}	28.76±1.2^{ab}	80.4±0.08^{b}
	50:50	97.52±2.9^{bc}	6.35±0.3^{ab}	27.83±1.2^{ab}	138.9±0.13^{c}
	75:25	97.07±2.1^{bc}	5.85±0.4^{b}	25.86±1.2^{b}	147.3±0.34^{de}
	100:0	73.42±2.1^{bc}	4.00±0.4^{ab}	23.93±1.2^{ab}	341.89±5.19^{ab}
P. coloratum: P. hysterophorus	25:75	107.64±2.9^{bc}	6.67±0.3^{a}	29.82±1.1^{a}	75.2±0.84^{bc}
	50:50	87.75±2.1^{c}	4.63±0.4^{bc}	25.35±1.1^{b}	98.1±0.16^{de}
	75:25	67.46±4.1^{de}	4.41±0.3^{c}	21.43±1.1^{c}	68.7±1.65^{g}
	100:0	87.18±4.1^{ab}	3.50±0.3^{b}	18.07±1.1^{b}	337.41±6.59^{ab}
P. hysterophorus		135.14±7.9^{a}	7.35±0.4^{a}	31.55±0.9^{a}	367.4±0.27^{a}

Apêndice Tabela 3. Análises de correlação entre a eficiência de inibição e os atributos de crescimento das espécies vegetais testadas

	Biomass	Height	Branch No̲.	Leaf area	IRB	IRH	IRBr	IRLA
Biomass	1.00000							
	64							
Height	0.76930	1.00000						
	<.0001							
	64	64						
Branch No̲	0.65983	0.84057	1.00000					
	<.0001	<.0001						
	64	64	64					
Leaf area	0.64385	0.71889	0.66539	1.00000				
	<.0001	<.0001	<.0001					
	64	64	64	64				
IRB	-0.84826	-0.79480	-0.54875	-0.41313	1.00000			
	<.0001	<.0001	<.0001	0.0010				
	60	60	60	60	60			
IRH	-0.65877	-0.72642	-0.56796	-0.36890	0.63095	1.00000		
	<.0001	<.0001	<.0001	0.0037	<.0001			
	60	60	60	60	60	60		
IRBr	-0.65476	-0.70948	-0.84735	-0.36793	0.61710	-0.78540	1.00000	
	<.0001	<.0001	<.0001	0.0038	<.0001	<.0001		
	60	60	60	60	60	60	60	
IRLA	-0.63501	-0.52447	0.39866	-0.77649	0.48225	0.53796	0.67559	1.00000
	<.0001	<.0001	0.0016	<.0001	<.0001	<.0001	<.0001	
	60	60	60	60	60	60	60	60

Key; IEB= inhibition efficiency of dry weight biomass, IEH=inhibition efficiency of height, IEBr= inhibition efficiency of branch number, IELA = inhibition efficiency of leaf area.

Apêndice Tabela 4. ANOVA para o índice de germinação das sementes de partenium e espécies de pastagem em casa de sombra

Sources of Variation	DF	Sum of Squares	Mean squares	F cal.	Sig.
Replication	2	0.67	0.33	1.54^{ns}	0.247
Species	5	2.37	0.47	3.06*	0.031
Error	12	1.55	0.23		
Total	17	3.92			
CV	26.3				

Note; DF= degree freedom, CV= coefficient of variation

Appendix Table 5. ANOVA for mean dry weight shoot biomass of Parthenium grown in mixture with test plant species

Sources of Variation	DF	Sum of Squares	Mean Squares	F cal.	Sig.
Block	3	1722.775	574.258	6.29**	0.0015
Species type (A)	4	12662.698	3165.674	34.65**	0.0001
Density level (B)	3	618829.235	206276.41	2258.11**	0.0001
A*B	12	6720.754	560.062	6.13**	0.0001
Error	36	3288.5718	91.349		
Total	63	929237.376			
CV	14.2				

Note; DF= degree freedom, CV= coefficient of variation

Apêndice Quadro 6. ANOVA para o peso seco da biomassa dos rebentos das espécies vegetais testadas cultivadas em combinação com Parthenium

Sources of Variation	DF	Sum of Squares	Mean Squares	F cal.	Sig.
Block	3	2607.073	869.024	4.93**	0.0057
Species type(A)	4	54005.43	13501.358	76.59**	0.0001
Density level (B)	2	970056.60	323352.20	1834.34**	0.0001
A*B	12	25864.2786	2155.356	12.23**	0.0001
Error	36	6345.971	176.277		
Total	63	1156365.931			
CV	10.1				

Apêndice Quadro 7. ANOVA para redução da altura de Parthenium cultivado em combinação com espécies de plantas de teste

Sources of Variation	DF	Sum of Squares	Mean Squares	F cal.	Sig.
Block	3	3.329	1.109	4.83**	0.0063
Species type (A)	5	5.377	1.34	5.86**	0.0001
Density level (B)	3	96.92	32.308	140.73**	0.0010
A*B	15	15.797	1.316	5.73**	0.0001
Error	36	8.26	0.229		
Total	63	177.86			
CV	14.6				

Apêndice Quadro 8. ANOVA para redução do número de ramos de Parthenium cultivado em combinação com espécies de plantas de ensaio

Sources of Variation	DF	Sum of Squares	Mean Squares	F cal.	Sig.
Block	3	637.85	212.619	5.52**	0.0032
Species type (A)	5	495.34	123.83	3.22*	0.0235
Density level (B)	3	11071.83	3690.61	95.83**	0.0001
A*B	15	9763.53	813.627	21.13**	0.0001
Error	36	1386.39	38.51		
Total	63	36380.25			
CV	11.8				

Apêndice Quadro 9. ANOVA para redução da área foliar de Parthenium cultivado em combinação com espécies de plantas de ensaio

Source of Variation	DF	Sum of Square	Mean Square	F cal.	Sig.
Block	3	1036.168	345.389	167.36**	0.0001
Species type (A)	5	143.328	35.83	17.36**	0.0001
Density level (B)	3	596.325	198.775	96.32**	0.0001
A×B	15	281.415	23.45	11.36**	0.0001
Error	36	74.29	2.06		
Total	63	3290.198			
CV	17.9				

Apêndice Tabela 10. ANOVA para os valores do Índice de Agressividade das espécies de plantas de ensaio cultivadas em combinação com Parthenium

Sources of Variation	DF	Sum of Squares	Mean squares	F cal.	Sig.
Block	3	0.043	0.014	0.88^{ns}	0.466
Species type (A)	5	2.294	0.574	35.43**	0.0001
Density level (B)	3	8.277	4.138	255.67**	0.0001
A*B	15	0.432	0.054	3.34*	0.011
Error	36	0.388	0.016		
Total	63	11.728			
CV	24				

Apêndice Quadro 11. ANOVA para o coeficiente de aglomeração relativa de Parthenium cultivado em mistura com espécies de pastagem

Sources of Variation	DF	Sum of Squares	Mean squares	F cal.	Sig.
Block	3	0.475	0.158	5.83**	0.0038
Species type (A)	5	1.563	0.391	14.43**	0.0001
Density level (B)	3	38.94	19.47	717.36**	0.0001
A*B	15	1.744	0.218	8.034**	0.0104
Error	36	0.651			
Total	63	44.41			
CV	22				

MIX
Papier aus verantwortungsvollen Quellen
Paper from responsible sources
FSC® C105338

Printed by Books on Demand GmbH, Norderstedt / Germany